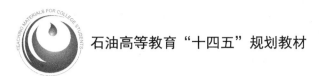

石油高等教育"十四五"规划教材

地震资料处理与质控实习指导书

张丽艳 殷 文 李 昂 刘 洋 张 宓 主编

中国石油大学出版社
CHINA UNIVERSITY OF PETROLEUM PRESS

山东·青岛

图书在版编目（CIP）数据

地震资料处理与质控实习指导书 / 张丽艳等主编.

青岛：中国石油大学出版社，2024.11. -- ISBN 978-7-
5636-8479-3

Ⅰ. P618.130.8

中国国家版本馆 CIP 数据核字第 2024J2G251 号

书　　名：地震资料处理与质控实习指导书
　　　　　DIZHEN ZILIAO CHULI YU ZHIKONG SHIXI ZHIDAOSHU
主　　编：张丽艳　殷　文　李　昂　刘　洋　张　宓

责任编辑：张　廉　张晓帆（电话 0532—86981531，86983567）
责任校对：穆丽娜（电话 0532—86981531）
封面设计：赵志勇

出 版 者：中国石油大学出版社
　　　　　（地址：山东省青岛市黄岛区长江西路 66 号　邮编：266580）
网　　址：http://cbs.upc.edu.cn
电子邮箱：shiyoujiaoyu@126.com
排 版 者：青岛汇英栋梁文化传媒有限公司
印 刷 者：日照日报印务中心
发 行 者：中国石油大学出版社（电话 0532—86983440）
开　　本：787 mm × 1 092 mm　1/16
印　　张：10.5
字　　数：236 千字
版 印 次：2024 年 11 月第 1 版　2024 年 11 月第 1 次印刷
书　　号：ISBN 978-7-5636-8479-3
定　　价：29.00 元

前言
● Preface

地震勘探是油气勘探的主要地球物理勘探方法,用于查明地下地质构造,预测岩性和流体等地层信息。该方法主要包括地震资料采集、处理和解释3个环节。地震资料处理实习是资源勘查工程专业和勘查技术与工程专业的重要实践课程,也是即将从事油气勘探工作的学生必不可少的专业实践环节。地震资料处理融合了理论知识与实际应用,要求学生能够掌握专业技术软件,提升其在此领域解决实际工程问题的能力。

中国石油集团东方地球物理勘探有限责任公司(简称"东方地球物理公司")研发了专业地震数据处理软件——GeoEast,该软件是超大型地震数据处理解释一体化软件系统,具备完全自主知识产权,能够满足从陆地到海洋、从纵波到多波、从地面到井中的地震数据处理解释需求,为国内外复杂探区的勘探提供了技术支持,在国际市场上获得了认可,成为全球三大主流物探软件之一。

本实习指导书旨在介绍 GeoEast 软件中地震资料的常规处理技术流程、质控和操作,是编者结合多年来实际科研、生产工作及教学经验,针对高校资源勘查工程专业和勘查技术与工程专业学生培养的特点进行编写的。通过本实习指导书,学生能够全面掌握实际二维地震资料精细处理的基本流程、GeoEast 软件的常规处理技术操作以及各处理环节的质控参数(包括观测系统建立、去噪、静校正、振幅一致性处理、反褶积、动校正、速度分析、地表一致性剩余静校正、叠加、偏移等),从而深入理解整个地震资料处理过程并提高实操能力。

本实习指导书共分为4章,由张丽艳、殷文、李昂、刘洋和张宓共同编写。其中第1章由张丽艳撰写,第2章由殷文撰写,第3章由李昂撰写,第4章和附录由张丽艳、刘洋、张宓撰写,课题组研究生张镇生在流程处理、实验分析及图件提供等方面做了大量工作。全书由张丽艳统稿。本书在编写过程中得到了众多专家的鼓励和支持,在此表示衷心的感谢。

由于编者水平有限,书中难免存在错误和不当之处,敬请广大读者批评指正。

编　者
2024 年 4 月

目录
● Contents

第1章
地震资料处理与质控实习概述

地震勘探是一种重要的地球物理勘探方法,主要是人工激发和接收地震波并对接收到的地震波进行处理和解释,从而获取有关地下地质构造、层序、沉积、岩性和流体等信息,为油气田、煤田的勘探提供服务。地震勘探包括地震资料采集、处理和解释3个环节。地震资料处理实习是资源勘查工程专业和勘察技术与工程专业重要的专业实习之一,也是从事油气勘探工作必不可少的专业实践环节之一。通过本实习,学生可以掌握地震资料常规处理与质控的主要内容、主要技术和流程;同时能够掌握地震资料处理软件的使用,并利用该软件完成实际地震资料的处理,获得叠加剖面和叠后时间偏移剖面;此外,还能培养利用专业技术和专业软件解决实际工程问题的能力,提高理论和实践相结合的能力。本章主要介绍实习所用的处理软件以及实习报告编写要求。

1.1 处理软件概述

作为地球物理技术最重要的载体,地震数据处理、解释软件是衡量一个国家物探技术水平高低的重要标志之一。

本实习指导书所介绍的软件为 GeoEast 系统,它是由东方地球物理公司物探技术研究中心研制开发的大型地震数据处理解释一体化系统,是以满足国内油气勘探需求、支持中国物探行业参与国际竞争为目标,充分考虑我国复杂的地质地表条件、吸收国内外最新地球物理理论和计算机软硬件技术研究成果,结合东方物探多年来为国内外探区提供地震数据处理解释服务的经验知识研发而成的,其功能涵盖了地震数据采集现场质量监控、陆地与海洋地震数据处理、地震数据解释与油藏预测等多个方面,并在复杂地表、复杂构造、低信噪比和高分辨率资料处理及现代属性分析、叠前数据解释等方面具有突出特色。经过近 20 年的推广应用及持续研发、迭代和升级,GeoEast 已成为中国石油地震资料处理解释的主力平台,彻底改变了我国石油物探软件长期依赖进口的局面,有力提升了中国石油的技术影响力和国际竞争力。

GeoEast 2022 系统基于地球物理多学科一体化开放式软件平台 GeoEast-iEco V1.5 研制开发,针对以"低、深、海、非"为代表的复杂油气藏高精度勘探开发、海量数据、超大规模计算,以及计算机软硬件新技术带来的挑战,对 GeoEast 2021 系统应用功能和特色技术进行持续优化而形成。下面对 GeoEast 软件的主控部分进行基本介绍。

GeoEast 系统主控界面是 GeoEast 用户的主要工作界面,是数据、流程及项目管理的操作平台。主控界面以数据树、数据显示区为中心,具有项目管理、用户管理、数据管理、流程管理等功能。主控界面负责启动交互应用,支撑交互应用间的协同操作,如图 1-1-1 所示。

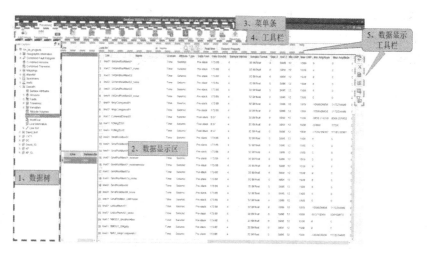

图 1-1-1　GeoEast 系统主控界面

（1）数据树:显示项目、工区、属性三级管理或项目、工区、属性、集四级管理,用于 GeoEast 实体数据(包含处理和解释数据)的浏览和管理。数据树的一级管理是项目,二级管理是工区。如果工区是三维的,则下一级数据放在线束中;如果工区是二维的,则下一级数据放在测线中。

（2）数据显示区:显示所选中数据的详细信息。二维工区中包含测线显示区、地震数据及常用卷头信息显示区,三维工区中包含地震数据及常用卷头信息显示区。

（3）菜单条:按不同业务功能进行分类,"Tools"是常用工具。

（4）工具栏:显示每项业务的主要交互工具图标。

（5）数据显示工具栏:包含数据检索、查找过滤、数据卷头显示、数据删除、常用卷头显示定制、数据隐藏等功能。

1.2　实习报告编写要求

地震资料处理与质控实习报告应涵盖以下内容:

（1）前言,包括地震资料处理实习的基本目标和任务、地震数据简介、软件简介。

（2）原始资料分析,包括采集参数分析、静校正分析、干扰波分析、信噪比分析、频率分析、能量分析、子波分析、以往成果资料分析等。

（3）主要处理技术、模块及效果分析,包括地震资料数据加载,工区和测线建立,观测系统建立的模块、流程及相关图件,以及道编辑、静校正、去噪、反褶积、振幅补偿、共中心点(CMP)道集抽取、叠加速度分析、动校正和拉伸切除、剩余静校正、叠加、偏移等的基本原理、模块、流程及相关图件。每项技术占一小节,每小节介绍技术的基本原理、主要目的、模块名称、参数对话框图、处理效果对比图,并进行简要的质控分析与说明。

（4）成果剖面分析,对叠加剖面和偏移剖面的质量进行评价,对偏移剖面所反映的地震和地质构造特征进行初步分析和解释。

（5）结论与认识,总结地震资料处理与质控实习的收获与认识。

第2章
地震数据格式

2.1 数据的格式类型

在地震勘探中,野外采集到的地震数据一般由多道数据组成,以道序方式排列,存储为 SEGY 数据格式文件,SEGY 格式是目前地震勘探领域使用最为广泛的地震数据存储格式,以二进制方式存储数据。标准的 SEGY 文件由两部分数据组成。第 1 部分数据为记录数据,即两类文件头数据,包括:① 3 200 字节文本文件头,内含 40 个参数,记录地震数据采集时的外部环境、设备信息等(如设备参数、采集时间);② 400 字节二进制文件头,内含 32 个参数,记录地震体的一些测量信息,包括地震数据的数据存储类型、采样间隔及点数等。第 2 部分数据为地震道数据,即成对出现的 240 字节道头数据与地震数据,每道道头数据占 240 字节,每道地震数据所占字节数取决于每道的采样点数。每道道头数据记录了该道地震数据的采样信息,如采样间隔、震源点号、道号、炮检点坐标和高程等;每道地震数据是对地震信号的波形按一定时间间隔 Δt 进行取样,再把这一系列的离散振幅值以某种方式记录下来。SEGY 文件结构如图 2-1-1 所示,虚线框前的为文件头数据,虚线框内的为地震道数据。

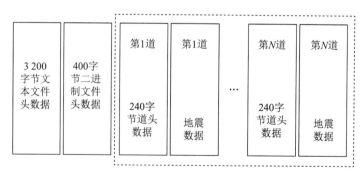

图 2-1-1　SEGY 格式文件结构图

2.2 地震数据的显示方式及其在 GeoEast 中的调整

地震数据的显示方式主要包括波形、变面积、波形＋变面积、变密度等,如图 2-2-1 所示。变密度采用黑白或彩色来表示振幅值的大小。

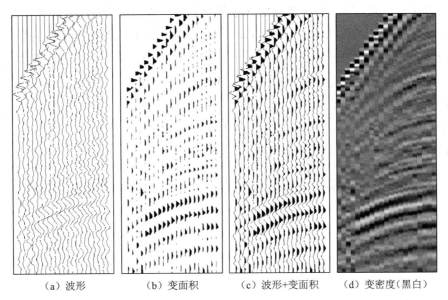

（a）波形　　　　　（b）变面积　　　　（c）波形+变面积　　　（d）变密度（黑白）

图 2-2-1　地震数据的几种主要显示方式

在 GeoEast 中,如何打开地震数据并调整其显示方式呢?首先在数据树中找到对应项目、工区和测线下的"Seismics"文件夹,在右侧数据显示区选中所需打开的地震数据行,然后通过鼠标右击选择"SeismicView"(图 2-2-2)或点击上方工具栏的"SeismicView"(图 2-2-3),即打开地震数据显示界面。

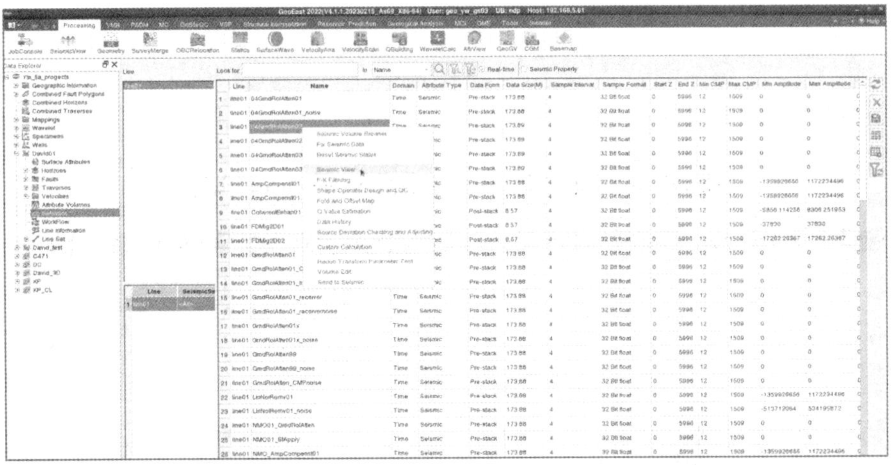

图 2-2-2　在数据显示区中打开"SeismicView"

图 2-2-3　工具栏中的"SeismicView"

在随后出现的"Select Seismic Index"界面(图 2-2-4)中,不同的参数设置对应着地震数据不同的显示方式。第 1 关键字决定地震数据在哪个地震数据域(如共炮点域、共中心点域或共检波点域)中显示,如选中"Source"前方的圆圈表示地震数据在共炮点域下打开,类似地,选中"CMP"或"Receiver"则分别表示地震数据在共中心点域或共检波点域下打开。第 2 关键字决定地震数据在显示时横坐标单位的设定。"Gathers per Screen"表示一个界面中同时显示多少个点(共炮点、共中心点或共检波点)。以图 2-2-4 为例,该设置表示地震数据在共炮点域下打开,并且横坐标代表了道数(第 2 关键字"Trace"),在一个界面中只显示一个炮点,点击"OK"后如图 2-2-5 所示。

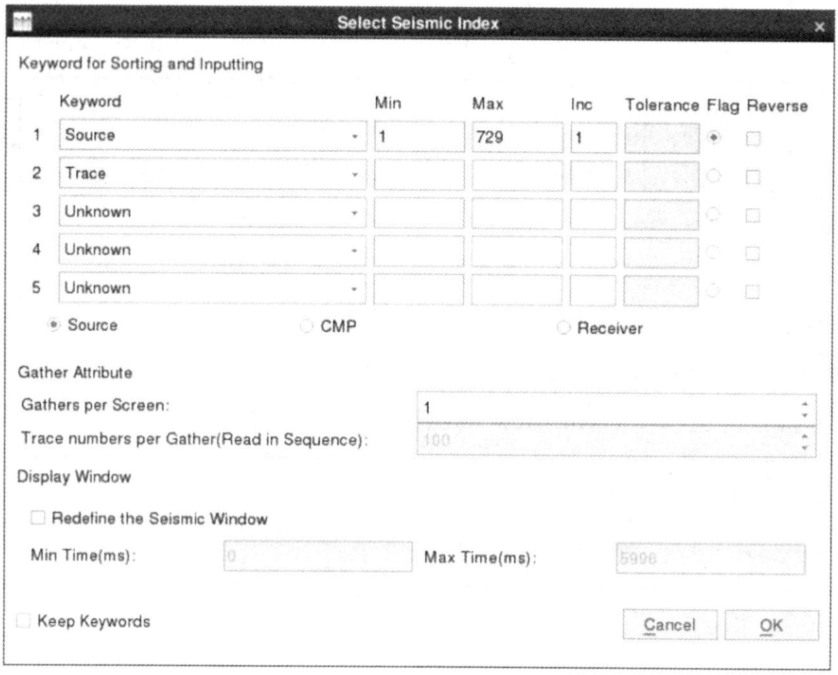

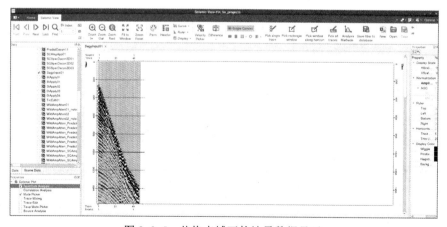

图 2-2-4 共炮点域下的"Select Seismic Index"设置

图 2-2-5 共炮点域下的地震数据显示

如果将地震数据在共中心点域下打开,可参考图 2-2-6 的设置,此时坐标轴的横坐标表示偏移距。点击"OK"后,共中心点域下的地震数据显示如图 2-2-7 所示。可以在界面左上方通过前后箭头翻阅每个 CMP 点,也可以使用"Find"工具直接输入 CMP 号进行查找。

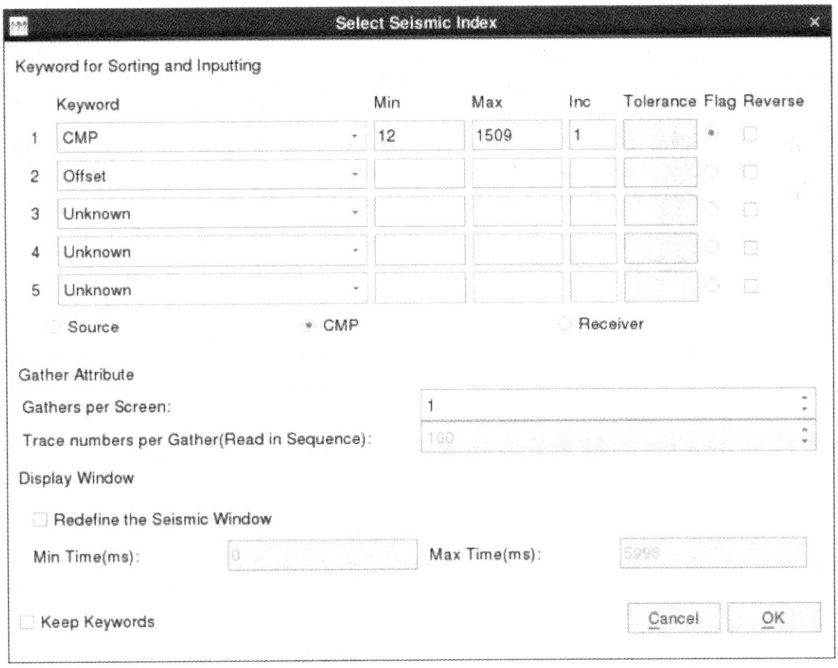

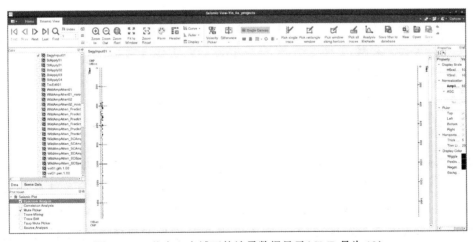

图 2-2-6　共中心点域下的"Select Seismic Index"设置

图 2-2-7　共中心点域下的地震数据显示(CMP 号为 12)

在 CMP 道集中,CMP 点的覆盖次数对应横坐标"Offset"的列数,当 CMP 号靠前时,覆盖次数低,导致横坐标"Offset"对应的列数少,无法看出反射波的双曲特征。使用左上方的"Find"工具,输入中间位置的 CMP 号进行查找,系统将快速定位,如图 2-2-8 所示,可以看出中间 CMP 位置的地震记录反射波具有明显的双曲特征。

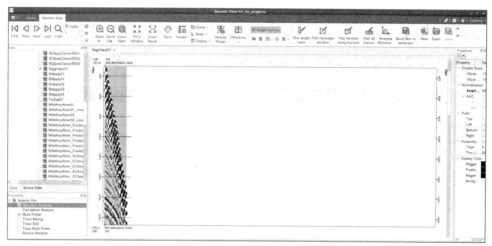

图 2-2-8　共中心点域下的地震数据显示（CMP 号为 750）

在上方工具栏中，"Parm"选项用于调整地震数据的显示方式、显示模式（正常显示、像素显示、灰度显示）、横纵坐标比例以及振幅级别等，如图 2-2-9 所示。

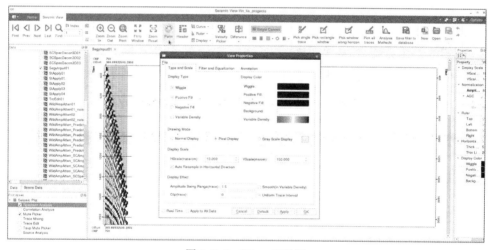

图 2-2-9　"Parm"面板

如果需要对比其他地震数据，可以将数据从左侧的"Data"栏拖动到右侧的空白区域（图 2-2-10），或者选中数据前方的小方框（要设置该方框，首先需要点击左上角的"File"，并在下拉菜单中选择"Options"，然后在"DataTree"下选中"Enable checkbox in datatree"，点击"OK"即可，如图 2-2-11 所示）。需要注意的是，对比的前提是确保地震数据具有相同类型，即"Select Seismic Index"设置必须相同。选中对比数据后，点击上方工具栏中的"Horizontal Layout"图标，此时同一界面中即可显示相同类型的地震数据，如图 2-2-12 所示。

如果需要同时对比多个相同类型的地震数据，则加入其他地震数据的操作同上所述。通过点击界面左下方的"Scene Data"，可查看同一类型下可以进行对比的所有地震数据名,如图 2-2-13 所示。

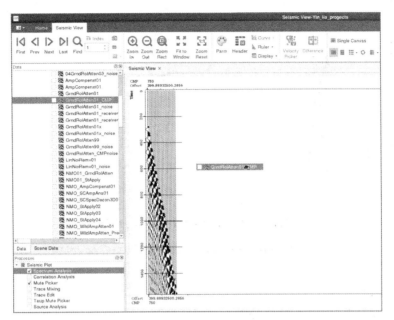

图 2-2-10　拖动左侧地震数据

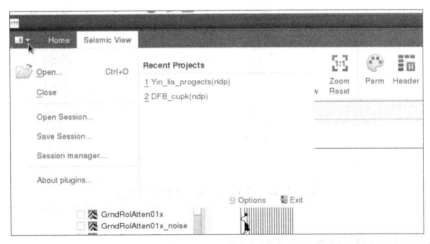

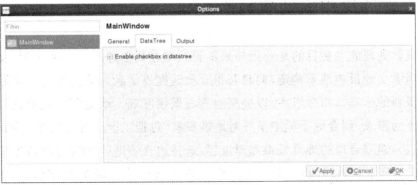

图 2-2-11　开启数据树中的地震数据选中框

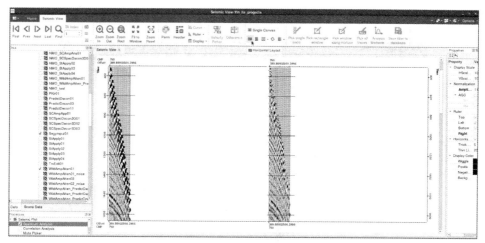

图 2-2-12　相同地震数据类型的对比

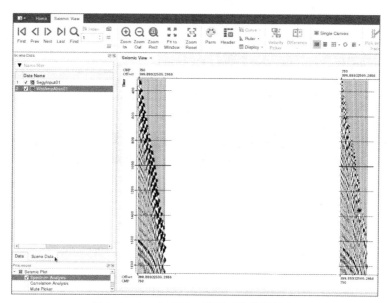

图 2-2-13　查看同一类型下的地震数据

2.3　地震资料的处理流程

　　地震资料处理的主要目的是对野外采集到的地震数据进行一系列处理,使处理后的剖面尽可能真实地反映地下构造,同时获得介质速度等信息。在处理过程中要尽可能地提高地震资料的信噪比和分辨率,以提高地震成像精度等。地震资料处理过程中应以工区地质任务为需求,结合地质构造情况对地震资料(包括工区近地表条件、原始资料的品质)进行分析,建立合理的地震资料处理流程,选择适合该地区的地震资料处理技术和处理参数完成地震资料处理,获得最佳地震叠加剖面、偏移成像剖面及速度信息等。常规地震数据的处理流程主要包括加载数据、观测系统定义、道编辑、叠前高保真去噪、振幅补偿处理、反褶积处理、速度分析、剩余静校正、动校正、叠加、叠后时间偏移、叠前时间偏移、叠后去噪等,处理流程如图 2-3-1 所示。在处理过程中,可通过单炮、剖面及属性平面图等多种手段进行质控。

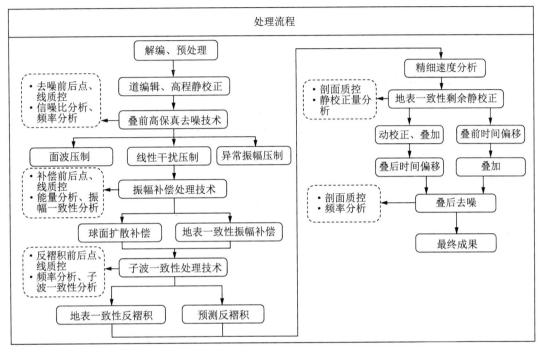

图 2-3-1 地震处理的基本流程及质控

第3章
数据解编

3.1 数据准备及处理要求

地震资料处理实习所需数据包括 SEGY 格式的原始地震数据以及用于定义观测系统的 SPS 文件,具体如下。

原始地震数据:A_LINE_YS_DATA. segy。

SPS 文件:以 END-A. S、END-A. R 和 END-A. X 为例。

GeoEast 4. 1 处理系统工作界面如图 3-1-1 所示。

图 3-1-1 GeoEast 4.1 处理系统工作界面

本实习书所用数据为一条二维测线,详细的数据说明如图 3-1-2 所示。

格式	采样率	CMP距	炮点距	最小偏移距	最大偏移距	道数	道距	记录长度	线类型
SEGY	2ms	25m	50m	400m	2750m	48	50m	6s	弯线

图 3-1-2 工区数据说明

3.2 工区和测线的建立

在建立地震资料处理流程之前,需要先建立工区和测线。每个工区下可创建多条测线,每条测线下可建立多个处理流程。在主控界面数据树的项目图标处,点击鼠标右键选择"New 2D Survey",弹出的新建二维地震工区对话框中包含"General"和"Range"两页,在"General"界面输入工区名称,在"Range"界面保持默认参数,如图 3-2-1 所示。

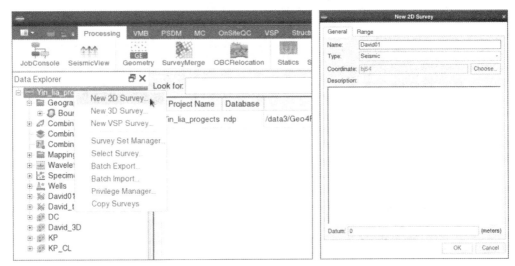

图 3-2-1　新建二维工区

界面左侧的数据树显示了新建的工区,工区的下拉菜单中包含"Velocities""Seismics""WorkFlow"等文件夹,"Velocities"用于存放处理过程中生成的速度文件,"Seismics"用于存放处理过程中生成的地震数据,"WorkFlow"用于存放处理过程中搭建的处理流程。用鼠标右击工区的图标,选择"New Line"新建二维测线,然后进行命名(例如命名为"line01"),点击"OK",如图 3-2-2 所示。

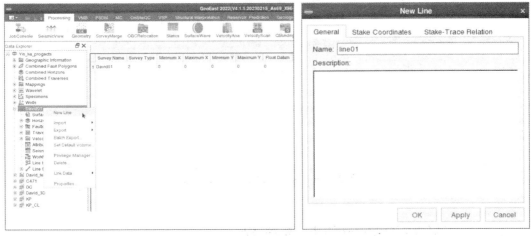

图 3-2-2　新建测线

用鼠标左击选中"WorkFlow",右击"line01"测线,选择"Create WorkFlow",新建流程"flow1",如图 3-2-3 所示。

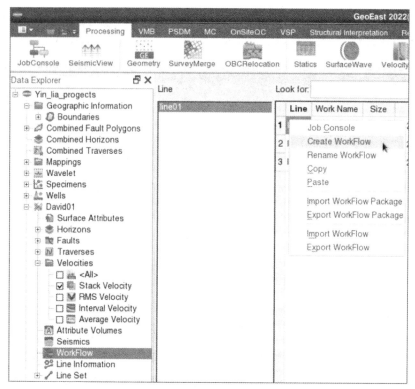

图 3-2-3　新建流程

用鼠标右击流程"flow1",选中"Job Console",进入处理流程搭建界面,如图 3-2-4 所示。

图 3-2-4　进入处理流程搭建界面

3.3　原始数据的加载与重采样

在流程搭建界面中,用鼠标右击左侧空白区域,在弹出菜单中依次选择"Add New Flow"→"Input and Output"→"SegyInput",完成 SEGY 输入模块的初始化,如图 3-3-1 所示。

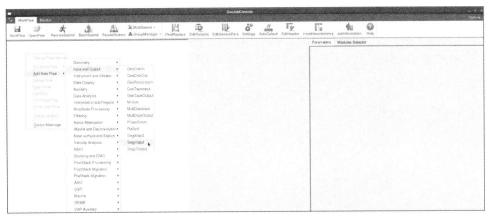

图 3-3-1 在流程搭建界面建立 SEGY 数据输入的作业

因为 SEGY 数据导入作业的核心模块"SegyInput"已经具备输入数据的功能,因此点击"GeoDiskIn"模块右上角的关闭按钮("×")删除该模块。打开"SegyInput"模块的数据文件夹,选择所需导入的原始地震数据,如图 3-3-2 所示。

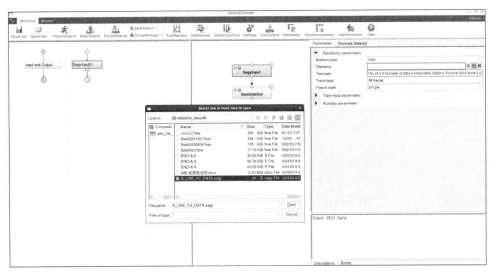

图 3-3-2 SEGY 数据输入作业模块的参数选取

用鼠标左击选中"SegyInput"模块,在右侧"Modules Selector"界面中,搜索"ReSamp"模块并双击插入,将输出的采样间隔调整为 4 000 μs,如图 3-3-3 所示,可右击模块左上方问号查看帮助文件。需要说明的是,重采样扩大采样间隔的目的是减少数据量,提高计算效率。

用鼠标依次左击界面左上方的"SaveFlow"→"RemoteSubmit",保存流程并发送作业,如图 3-3-4 所示。用鼠标左击界面左上方的"Monitor"可查看作业运行状态,右击作业所在行可查看作业的不同信息(如果作业运行失败,点击"View List"可查看作业的报错信息),如图 3-3-5 所示。在后续的处理操作中,作业的保存、提交以及查看报错信息都是如此。

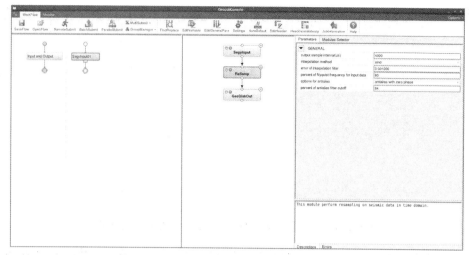

图 3-3-3　SEGY 数据输入作业中插入重采样模块

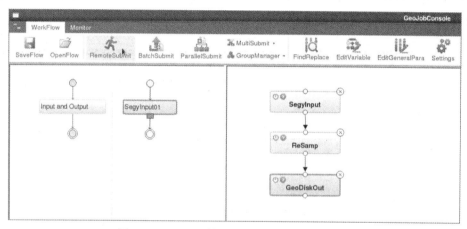

图 3-3-4　SEGY 数据输入作业的保存与提交

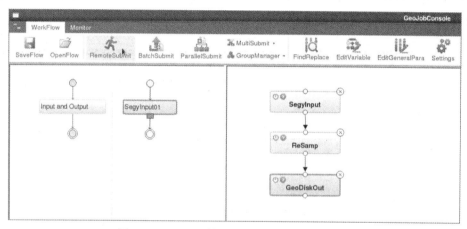

图 3-3-5　"Monitor"下查看作业运行状态

在"Filename"栏中自定义输出地震数据的名称,如图 3-3-6 所示。

作业运行成功后,原始地震数据的显示如图 3-3-7 所示。

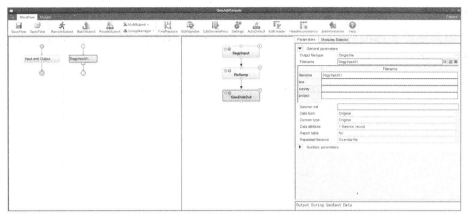

图 3-3-6　SEGY 数据输入作业的输出数据

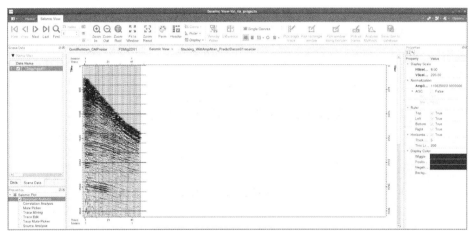

图 3-3-7　原始地震数据的显示

3.4　建立观测系统及质控

用鼠标左击选中原始地震数据,左击界面上方工具栏的"Geometry"选项定义观测系统,如图 3-4-1 所示。

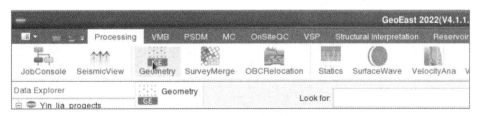

图 3-4-1　定义观测系统

在"Geometry"的弹窗中用鼠标双击"SPS"选项(图 3-4-2),选择 SPS 文件,再将

"File Format"中的版本号切换为 SPS Rev. 0（具体版本由原始地震资料而定），如图 3-4-3 所示。如果遇到非标准格式的 SPS 文件，可以选择"Custom"自行定义 SPS 格式，从而实现 SPS 文件的读取。

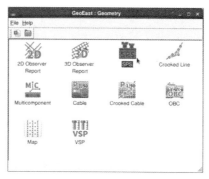

图 3-4-2 "SPS"选项

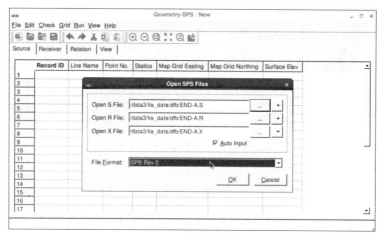

图 3-4-3 选取 SPS 文件

用鼠标左击"Check"→"Batch"，依次对炮点文件、检波点文件、关系文件及炮检逻辑关系文件进行查验，如图 3-4-4 所示。

	Record ID	Line Name	Point No.	Statics	Map Grid Easting	Map Grid Northing	Surface Elev
1	S	1001	3400	19.0	533135.30	5437752.50	12.00
2	S	1001	3450	19.0	533173.50	5437784.80	12.00
3	S	1001	3500	19.0	533211.70	5437817.00	12.00
4	S	1001	3550	19.0	533249.90	5437849.30	12.00
5	S	1001	3600	19.0	533288.10	5437881.60	12.00
6	S	1001	3650	19.0	533326.30	5437913.90	12.00
7	S	1001	3700	19.0	533364.50	5437946.10	12.00
8	S	1001	3750	19.0	533402.70	5437978.30	12.00
9	S	1001	3800	19.0	533441.00	5438010.70	12.00
10	S	1001	3850	19.0	533479.20	5438042.90	12.00
11	S	1001	3900	19.0	533517.40	5438075.10	12.00

图 3-4-4 SPS 文件的查验

用鼠标左击"Grid"→"Gridding"（图 3-4-5），然后依次左击"Parameters"→"Get Group1"（根据 SPS 信息得到第 1 组参数：CMP 点距、CMP 线距、方位角）→"Get Group2"（根据第 1 次参数计算第 2 组参数：最小 CMP 点的 X, Y 坐标，Inline 方向的 CMP 最大线号、最大点号）→"Apply"（参数确认、绘制网格）→"Adjust"（如果希望对网格进行调整，可使用该功能，"Auto Adjust"可将参数点调整到面元中心处，"Manual Adjust"可自定义网格调整的参数）→"Get Ref"→"Apply（Auto）"→"Apply（Manual）"→"Save to DB"，如图 3-4-6 所示。

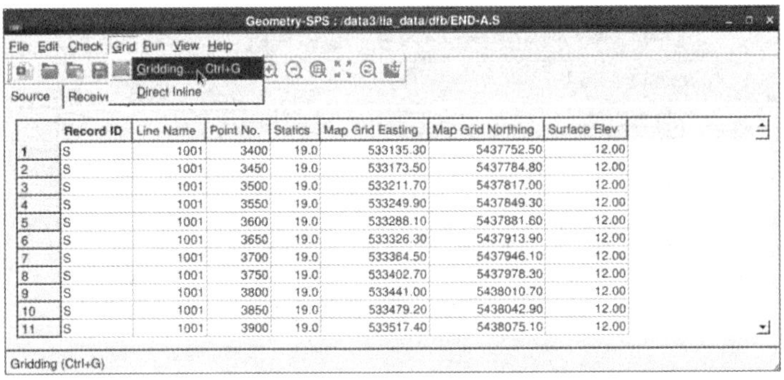

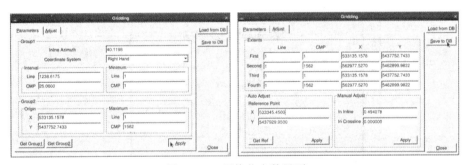

图 3-4-5　坐标的网格化

图 3-4-6　网格化参数界面

用鼠标左击"Run"→"Bin"（图 3-4-7），在弹出界面左击"OK"（图 3-4-8），运行之后提示 CMP 范围和覆盖次数，如图 3-4-9 所示。

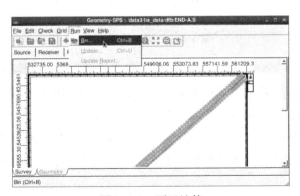

图 3-4-7　面元计算

图 3-4-8　面元计算参数卡

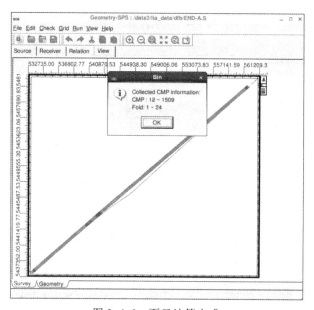

图 3-4-9　面元计算完成

用鼠标左击"Run"→"Update"→"OK"（图 3-4-10），完成观测系统的定义。

定义完观测系统后，操作者可以通过查看近地表信息完成对观测系统的质控。用鼠标右击主控界面数据树中"Seismics"的测线"line01"（图 3-4-11），然后依次左击"Database Browser"→"Near Ground"，即可查看近地表信息，检验观测系统定义是否成功。图 3-4-12 和图 3-4-13 所示分别为 CMP 覆盖次数图和地表高程图，可以看出此时已成功建立观测系统。

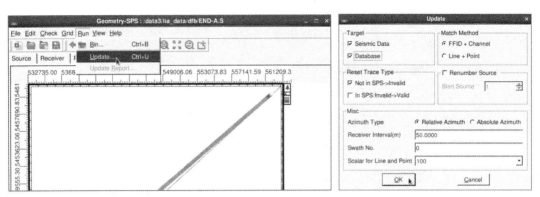

图 3-4-10　更新观测系统

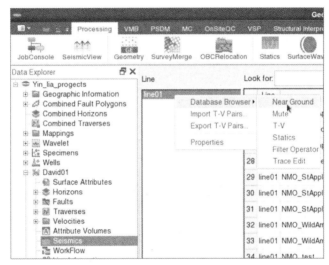

图 3-4-11　查看近地表信息

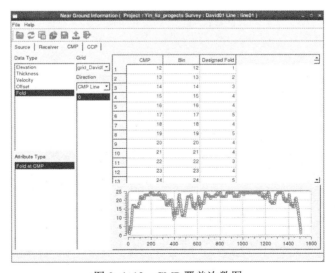

图 3-4-12　CMP 覆盖次数图

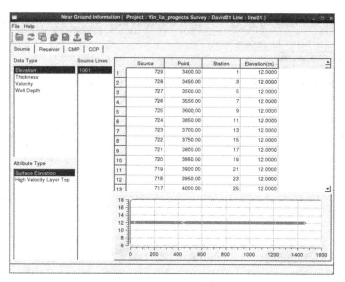

图 3-4-13　地表高程图

第4章
地震资料处理及质控

4.1　原始资料分析

在对地震资料进行处理之前,首先要对原始资料进行细致的分析,主要包括:① 分析野外实际施工的规范性,验证基础资料的正确性,对采集因素进行分析和评价;② 分析野外地表条件(包括高程等)的变化和单炮记录上初至波时间的变化,对静校正问题进行分析和评价;③ 分析单炮记录上存在的规则干扰波类型及其视速度和频率范围,对噪声类型进行分析和评价;④ 分析单炮记录上有效波的频率特征并进行频率扫描,对有效波频率进行分析和评价;⑤ 分析原始单炮记录和信噪比图,对资料信噪比进行分析和评价;⑥ 分析原始单炮记录的能量特征和原始资料炮点能量图,对资料能量进行分析和评价;⑦ 分析不同位置的单炮记录以及子波一致性自相关图,对子波一致性情况进行分析和评价;⑧ 根据工区以往的地质认识和勘探成果,对地下地质情况(主要地质层位和目标地质层段)进行分析和评价。基于以上分析结果,在此基础上设计具有针对性的地震资料处理流程,从而有效提升地震资料信噪比、分辨率和成像精度。

4.1.1　采集因素分析

地震观测系统的设计是根据地质任务确定的,采集因素分析一般用于评价野外实际施工的规范性、检验基础资料的正确性。通过提取原始地震资料的覆盖次数、最小偏移距和最大偏移距属性,制作相应的属性图,以此进行采集因素分析。

采集因素分析需要用到"TakeGatherAttri"道集属性统计与分析模块,并结合主控界面顶部工具栏的"AttriView"交互地震数据显示模块进行显示,以展示 CMP 面元覆盖次数、最小炮检距和最大炮检距属性。

具体操作如下:在流程搭建界面中,用鼠标依次左击"Add New Flow"→"Data Analysis"→"TakeGatherAttri",完成道集属性统计与分析模块的初始化。由于"TakeGatherAttri"模块提取的属性输出到了文本文件,所以鼠标左击"GeoDiskOut"模块右上角的"×"进行删除。将"GeoDiskIn"模块中的输入数据选为观测系统定义后的地震数据,如图 4-1-1 所示。

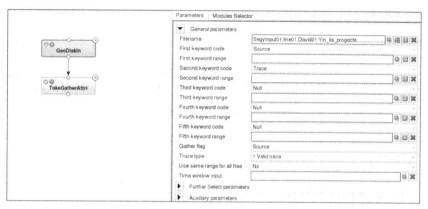

图 4-1-1　道集属性统计与分析作业的数据输入

在参数卡中自定义提取属性的文本文件名称,首先将"input data type"选定为"seismic trace","attribute type"选定为"header",然后依次将"header 1""header 1 operation""header 2""header 2 operation""header 3""header 3 operation"选定为"CMP""TraceNum""Offset""MinValue""Offset""MaxValue"。这样就能从地震道头中提取出 CMP 面元覆盖次数、最小炮检距、最大炮检距等属性,并将其输出到文本文件中,如图 4-1-2 所示。

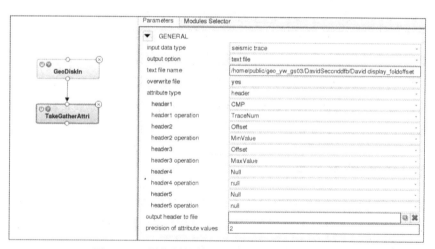

图 4-1-2　道集属性统计与分析作业的核心模块

在主控界面的顶部工具栏中,点击"AttriView"进入交互地震属性数据显示模块,如图 4-1-3 所示。

图 4-1-3　在主控界面工具栏中选择"AttriView"

点击左上角"File",在"Import Data"中选择"Text",然后找到并选择上一步输出的属性文本文件,如图 4-1-4 所示。

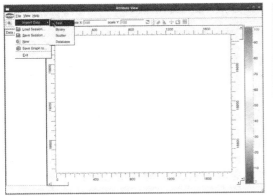

图 4-1-4　打开属性文本文件

选中并打开文本文件，如图 4-1-5 所示。

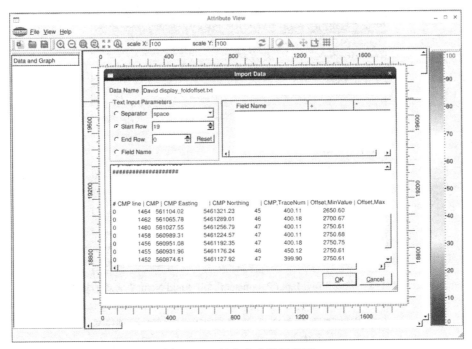

图 4-1-5　读入文本数据界面

用鼠标左击选中界面左上方"Start Row"前面的小圈，向下滑动底部的文本内容，直到出现属性名称行，即图 4-1-6 中的"#CMP line｜CMP｜……"所在行，用鼠标左击属性名称下方的第 1 行内容，"Start Row"会将其对应的行数自动同步到该行，如图 4-1-6 所示。

用鼠标左击选中界面左上方"Field Name"前面的小圈，点击刚才找到的属性名称所在行，界面右上方的"Field Name"部分会自动更新，如图 4-1-7 所示。然后点击右下方"OK"（一般"End Row"会自动更新，默认为 0 即可。但是如果点击"OK"后，系统提示"Start Row is grater than End Row"，则需要手动打开提取的属性 txt 文件，查看其文本最后一行的行数，并手动将行数填入"End Row"），就进入了属性显示界面，如图 4-1-8 所示。

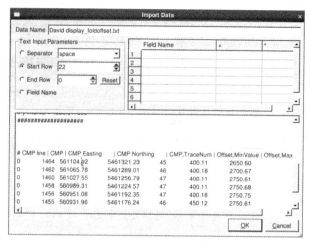

图 4-1-6　更新 "Start Row"

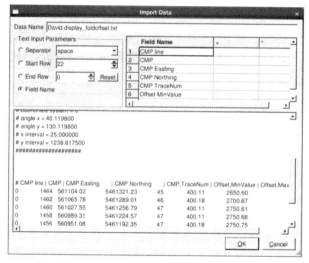

图 4-1-7　完成 "Text Input Parameters" 和 "Field Name" 信息的填入

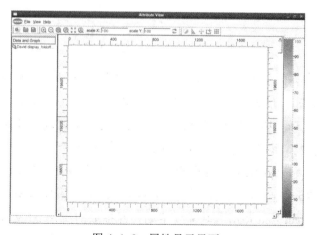

图 4-1-8　属性显示界面

用鼠标右击"Data and Graph"中刚刚生成的文件,选择"Create Scatter Graph"。将"X Coordinate""Y Coordinate""Z Value"分别选定为"CMP Easting""CMP Northing""CMP TraceNum",如图4-1-9所示。点击"OK"即可得到CMP面元覆盖次数平面图,如图4-1-10所示。由图可以看出,该工区最大覆盖次数为24次,整体覆盖次数均匀,但工区测线左下角部分覆盖次数相对较低,最小覆盖次数为2次。

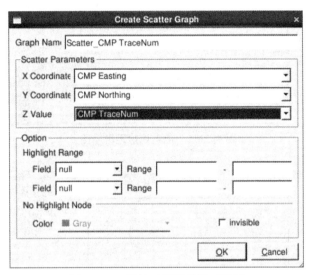

图 4-1-9　属性平面图的显示设置

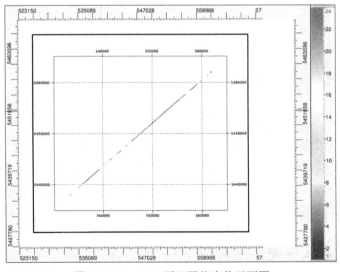

图 4-1-10　CMP 面元覆盖次数平面图

与 CMP 面元覆盖次数图产生的方法相同,用鼠标右击"Data and Graph"中刚刚生成的文件,选择"Create Scatter Graph"。仍将"X Coordinate""Y Coordinate"分别选定为"CMP Easting""CMP Northing",改变"Z Value",将其选定为"Offset MinValue"或"Offset MaxValue",即可获得最小炮检距或最大炮检距平面图,如图4-1-11和图4-1-12所示。

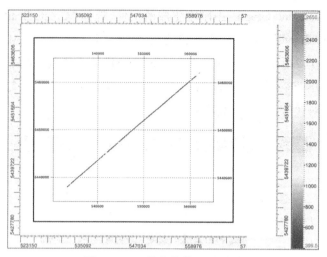

图 4-1-11　最小炮检距平面图

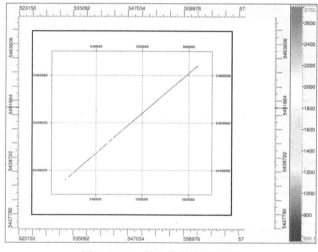

图 4-1-12　最大炮检距平面图

通过以上操作可成功得到 CMP 面元覆盖次数、最小炮检距、最大炮检距平面图，完成地震资料属性的提取。需要说明的是，简单的属性提取展示（如上述 3 个属性，即原始地震资料道头中已经存在，无须额外模块进行运算得到的属性）都可以通过"TakeGatherAttri"（道集属性统计与分析）模块和"AttriView"（交互地震属性数据显示）模块相结合来实现。

4.1.2　静校正分析

静校正是陆地地震资料常规处理流程中不可或缺的一环，它是实现共中心点叠加的主要基础工作之一。在常规地震资料处理中，通常要求反射波时距曲线近似为双曲线，初至波较光滑，其成立的条件包括观测面水平、横向速度变化不大和炮检距较小。

图 4-1-13 所示为某区二维测线静校正前后的单炮记录，静校正前，近地表起伏导致单炮记录上初至波同相轴横向变化剧烈，使得具有双曲时距特征的反射波同相轴发生扭

曲而无法识别;静校正后,初至波同相轴横向变化变得光滑,可以清晰地看到呈现双曲时距特征的反射波同相轴。图 4-1-14 为某区二维测线静校正前后 CMP 叠加剖面对比图,可见静校正后叠加剖面上反射波同相轴的连续性和信噪比明显提高。

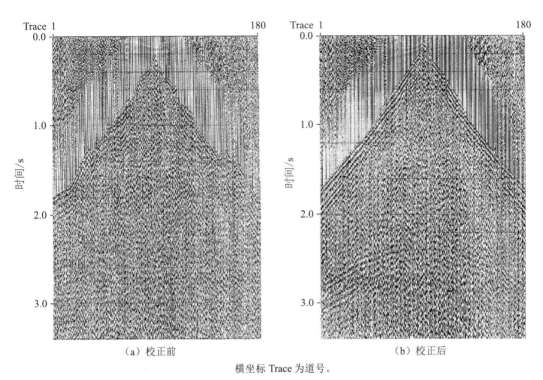

（a）校正前　　　　　　　　　　　　　　　　（b）校正后

横坐标 Trace 为道号。

图 4-1-13　某区二维测线静校正前后单炮记录

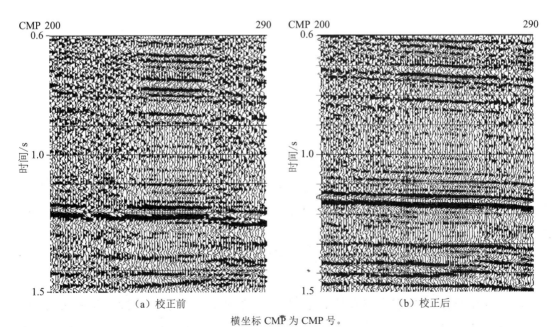

（a）校正前　　　　　　　　　　　　　　　　（b）校正后

横坐标 CMP 为 CMP 号。

图 4-1-14　某区二维测线静校正前后 CMP 叠加剖面

分析野外地表条件(包括高程等)的变化和单炮记录上初至波时间的变化,通过提取地表高程图和观察单炮记录上初至波是否光滑来完成静校正分析。

在主控界面中,用鼠标右击建立好的测线,将光标滑动至"Database Browser",如图4-1-15 所示,左击"Near Ground",可查看近地表信息,如图4-1-16 所示。

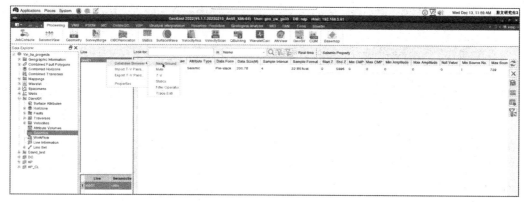

图 4-1-15　进入近地表信息的数据库

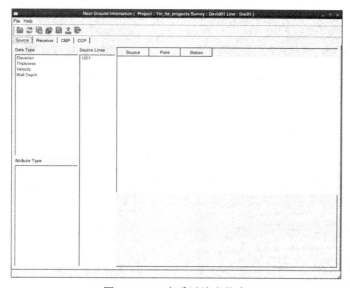

图 4-1-16　查看近地表信息

用鼠标依次左击"Elevation"→"Surface Elevation"→"1001"("Source Lines"栏下的炮线),完成炮点高程线图的显示,如图4-1-17所示。由图可以看出,该地区的高程为12 m,说明该地区地表相对平坦。

用鼠标左击界面左上方的"Receiver"或"CMP",利用上述同样方法可以获得检波点高程线图或共中心点高程线图。

在"SeismicView"界面中打开地震数据,观察单炮记录上的初至波是否光滑,反射波双曲特征是否明显,以进行静校正分析。在主控界面中,用鼠标左击界面左上方工具栏中的"SeismicView"(图 4-1-18),随后在"Select Seismic Index"界面(图 4-1-19,选中"Source""CMP""Receiver"前方的小圈,分别表示地震数据在炮点域、共中心点域和检波点域上的显示)中点击"OK"进入地震数据显示界面。打开的地震数据如图 4-1-20 所示,可在单炮记录上对静校正问题进行分析。

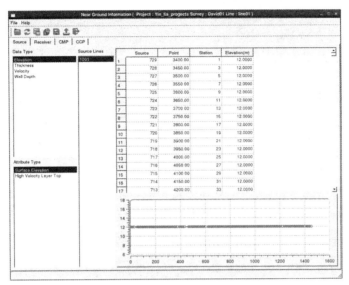

图 4-1-17 炮点高程线图

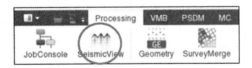

图 4-1-18 工具栏中的"SeismicView"

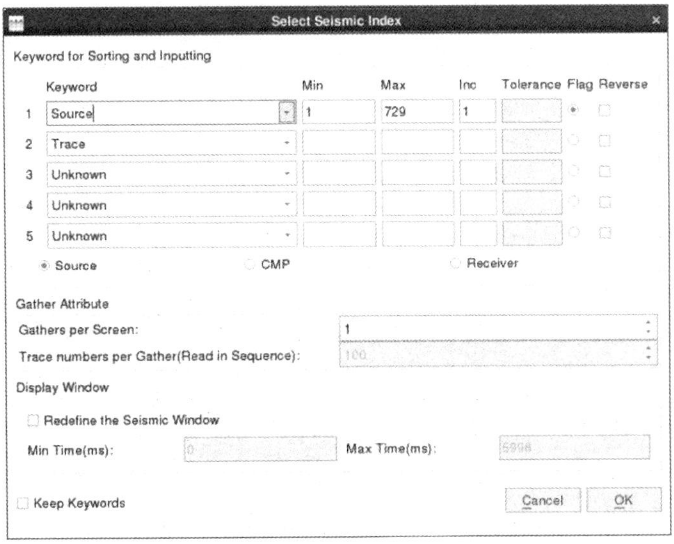

图 4-1-19 选择地震数据打开的参数

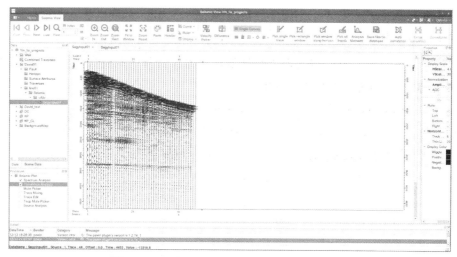

图 4-1-20　在"SeismicView"中查看单炮记录

　　为了查看方便,可以同时对多个炮点进行单炮记录查看,即在"Select Seismic View"界面中将"Gathers per Screen"选为多个,多个单炮记录的显示如图4-1-21所示。以该图为例,从单炮记录上看,该数据初至波光滑,反射波双曲特征明显,说明静校正问题不大。

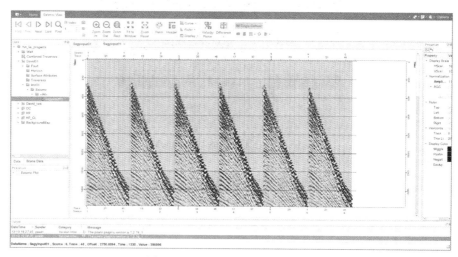

图 4-1-21　多个单炮记录的显示

4.1.3　干扰波分析

　　在地震资料采集过程中,受外界条件、施工因素和仪器等多种因素的影响,导致地震记录上存在多种干扰波,图4-1-22所示为某区的干扰波类型。干扰波(又称噪声)包括规则干扰和随机干扰,其中规则干扰主要包括面波、线性干扰、单频工业电干扰、异常振幅等。这些干扰波干涉了地震资料中的有效波,降低了地震资料信噪比,因此必须采取各种手段来压制。对于反射波地震勘探,只有一次反射波是有效波,其他都属于干扰波。压制干扰波需要利用它与有效波的振幅、视速度、频率等的差异。

　　打开地震数据,对单炮记录中的各种干扰波类型进行分析。利用速度拾取工具对干扰波的速度进行分析,利用频谱工具对干扰波的频谱进行分析。在"Seismic View"界面工具栏中选择"Velocity Picker"→"Velocity",即打开速度拾取工具,如图 4-1-23 所示。在地震数据中点击鼠标左键并滑动鼠标,会出现一条红线并显示其相应速度,如图 4-1-24 所示。在"Seismic View"界面左下方"Seismic Plot"中选择"Spectrum Analysis",然后选择工具栏中的"Pick rectangle window",在地震数据中长按鼠标拖动一个分析的时窗,随后选择工具栏中的"Analysis Methods",再选择"Single Window Spectrum Analysis",最后点击"OK"即可得到频谱数据,如图 4-1-25 和图 4-1-26 所示。若要分析干扰波频谱,则需调整矩形时窗包含干扰波,图 4-1-27 和图 4-1-28 分别为面波和异常振幅的频谱分析。

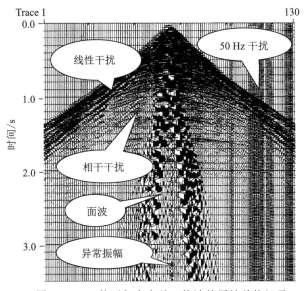

图 4-1-22　某区包含多种干扰波的原始单炮记录

图 4-1-23　打开速度拾取工具

　　在"Seismic View"界面中,左上方的"Prev"和"Next"箭头分别表示前一个和后一个单炮记录,"First"和"Last"分别表示第 1 个和最后一个单炮记录。使用"Find"功能可以手动输入炮号,系统随即自动跳转至相应炮号的单炮记录。

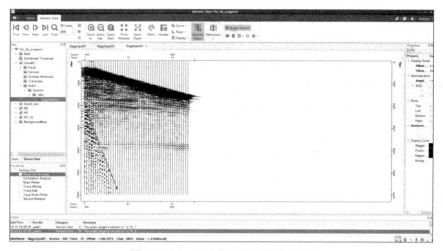

图 4-1-24　对干扰波进行速度拾取

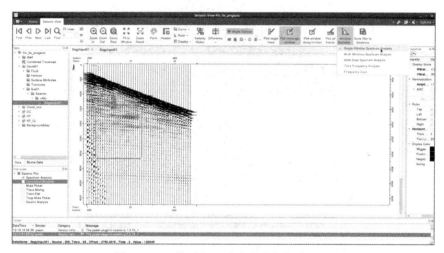

图 4-1-25　拖动矩形时窗并选择频谱工具

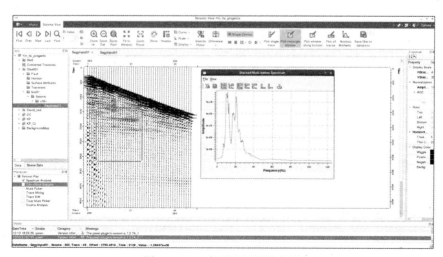

图 4-1-26　有效波的频谱分析

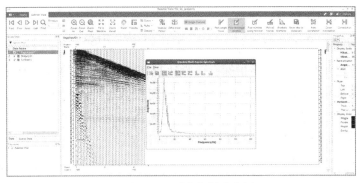

图 4-1-27　面波的频谱分析

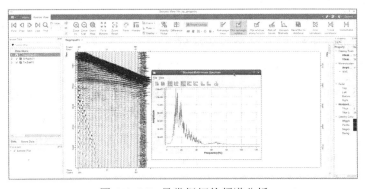

图 4-1-28　异常振幅的频谱分析

　　以本实习书所用数据为例,通过上述步骤逐一对不同的干扰波进行分析,可以观察到该工区内主要存在面波、线性干扰和异常振幅噪声等干扰波,相关干扰波及其特征如图 4-1-29 所示。

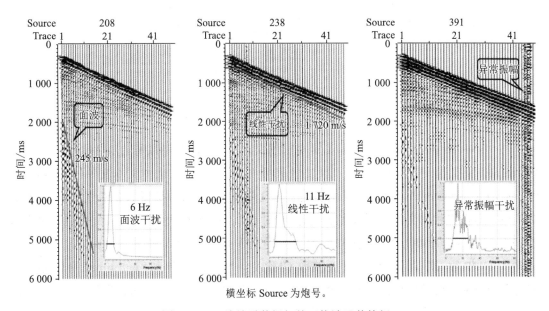

横坐标 Source 为炮号。

图 4-1-29　该地震数据相关干扰波及其特征

4.1.4 信噪比分析

地震勘探中的信噪比是指有效信号与噪声之间的比值。在地震勘探技术中,信噪比是衡量地震资料质量优劣的重要指标。信噪比越高,地震资料的质量越好,处理效果也越可靠。原始资料信噪比分析主要研究空间和时间上的信噪比变化情况,并分析噪声分布范围,结合采集情况判断信噪比变化原因,为后续针对性去除噪声奠定基础。因此,在地震资料数字处理中准确估计信噪比具有重要参考价值。

进行原始资料信噪比分析时,需要在作业流程中使用"SNREstimate"模块,对地震数据的信噪比进行计算,并将结果输出到一个文本文件。通过加载主控界面上的"AttribView"模块显示该文本文件中的信噪比信息,从而得到工区资料信噪比的平面图。需要注意的是,当前版本的 Geoeast 只能对叠后数据计算信噪比。读者可参阅 4.7 节的内容获得原始资料的叠加剖面,再做信噪比计算。

具体步骤如下:在流程搭建界面中,用鼠标依次左击"Add New Flow" → "Data Analysis" → "SNRE Analysis",完成信噪比估计模块的初始化。由于信噪比估计模块已将输出信息保存至文本文件中,因此无须使用"GeoDiskout"模块。可以选择将"GeoDiskout"禁用(点击模块左上角开关按钮使其变灰)或删除(点击模块右上角"×"),本示例选择禁用,并将"GeoDiskIn"模块中的输入数据选为观测系统定义后的地震数据,如图 4-1-30 所示。

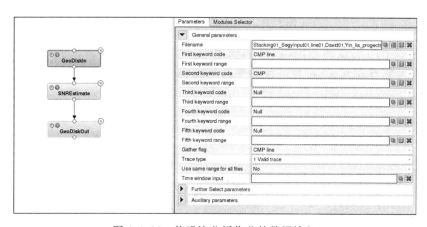

图 4-1-30 信噪比分析作业的数据输入

在"SNREstimate"模块中,填入要输出的文本文件名,即用鼠标左击"output attribute file name"所在行,右侧随即出现一个文件夹标识,点击后可以选择文本文件的存放路径。"Overwrite attribute file"表示当模块输出文本文件名已存在时,是否对文件进行重写,默认为"no",即提交相同文件名时作业会报错,但建议选填"yes",这样当生成文件后发现参数有问题或想修改原参数时,直接修改参数再提交作业即可,本示例选择"yes"。下面需填入最大 CMP 数,缺省时程序从卷头获取 CMP 数。"start time"和"end time"分别指计算时窗的起始时间和终止时间,缺省值为 0,若同时缺省,则表示从 0 ms 开始一直计算到地震道的结束时间。整个模块的设置如图 4-1-31 所示。

图 4-1-31　信噪比分析作业的核心模块

在主控界面中,打开顶部工具栏中的"AttriView",读入刚刚生成的信噪比属性文本文件,并在"Attibute View"界面中显示信噪比平面图(具体操作可以参考 4.1.1 节"采集因素分析"中属性文本文件的读入及属性平面图的显示操作),生成的信噪比平面图如图4-1-32 所示。

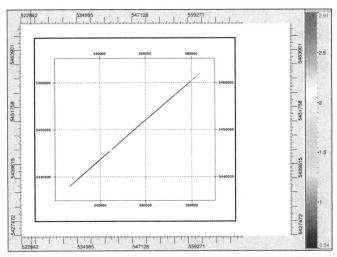

横、纵坐标分别为 CMP X 和 CMP Y 的坐标值,色度条表示信噪比的大小。

图 4-1-32　原始地震资料信噪比平面图

除信噪比平面图外,还可以结合地震资料的单炮记录来分析有效信号和噪声的大致分布情况,从而对原始数据进行综合的信噪比分析。以本实习书所用数据为例,观察单炮记录可见,原始单炮品质较高,有效信号能量明显。在工区资料中,信噪比在 0.54～2.91之间,测线整体信噪比较均匀,如图4-1-33所示(A,B,C 和 D 为测线上选取的 4 个质控点,后续其他分析也以这 4 个炮点为例)。

4.1.5　频率分析

通过频率分析不仅能确定资料中有效信号的频率范围,还可以判断各种噪声的频率特征。不同类型的干扰波与有效波在频域上存在差异,这为后续去噪处理来区分有效波和干扰波提供了重要依据。例如,面波通常具有 5～10 Hz 的频率,工业电干扰波频率一般在 50 Hz 左右,而有效波频率主要集中在 10～40 Hz 之间。

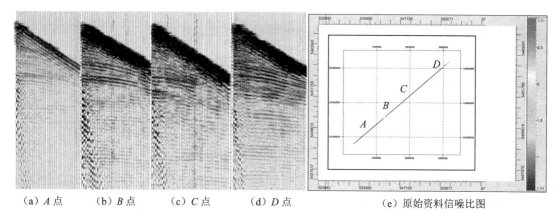

| (a) A点 | (b) B点 | (c) C点 | (d) D点 | (e) 原始资料信噪比图 |

图 4-1-33　综合信噪比分析

　　进行频率分析首先需进行单炮带通扫描,以获取原始资料有效信号和噪声在不同频率范围内的分布情况。在"Seismic View"界面中,选中左下方的"Spectrum Analysis",然后依次用鼠标左击右上角的"Analysis Methods"→"Frequency Scan",如图 4-1-34 所示。

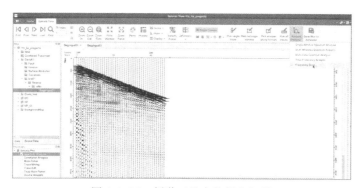

图 4-1-34　频谱工具中的频率扫描

　　在"Freguency Scan Parameters"界面中,"Number of Bands"表示同时进行带通扫描的频率范围数,即频带个数;"Filter Type"表示所要扫描的频率类型,缺省值为"Band Pass"(带通扫描),并将设定的频率范围输入参数卡中,如图 4-1-35 所示。

Frequency Scan Parameters				
Number of Bands 4　Display Left-Right				
Filter Type	F1(Hz)	F2(Hz)	F3(Hz)	F4(Hz)
Band Pass	0	2	120	125
Band Pass	3	5	10	12
Band Pass	8	10	20	22
Band Pass	18	20	30	32

Cancel　OK

图 4-1-35　频率扫描参数卡的设置

以上设置完成后点击"OK",即可得到经过带通扫描后的单炮记录,通过界面上方的"Display Parameters"可以调整地震数据的显示(类似"Seismic View"中的"Parm"面板功能),如图 4-1-36 所示。

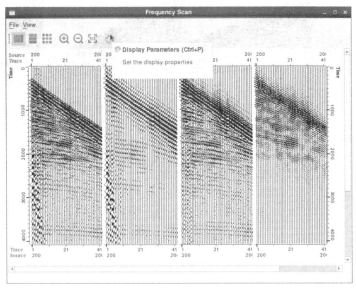

图 4-1-36　频率扫描下地震数据的显示设置

下面通过一个例子来展示实际中的单炮记录带通扫描。如图 4-1-37 所示,对某地震数据进行带通扫描后,可以看出该工区浅层有效信号主频可以达到 60 Hz,深层有效信号只能达到 30 Hz,面波的主频集中在 5～10 Hz。

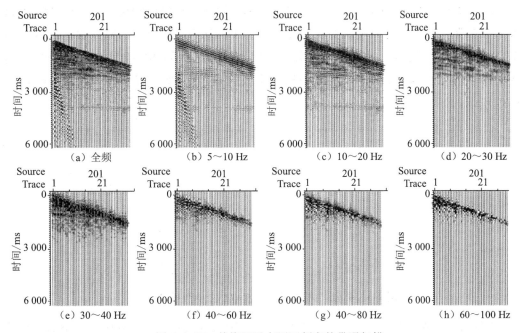

图 4-1-37　单炮记录在不同频率的带通扫描

对原始地震数据(以 4 个质控点的单炮记录为例)中浅层较为清晰可见的有效波进行频谱分析,操作可参考 4.1.3 节干扰波分析,滑动适当大小的时窗,如图 4-1-38 所示。

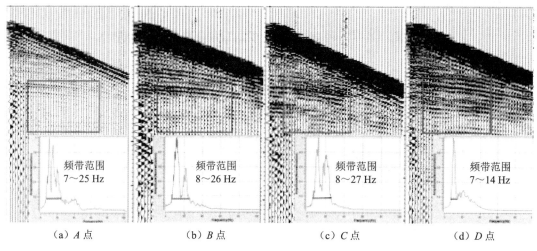

(a) A 点　　　　　(b) B 点　　　　　(c) C 点　　　　　(d) D 点

图 4-1-38　有效波频谱分析

4.1.6　能量分析

能量分析是利用地震数据的均方根振幅属性或振幅平方属性,研究地震数据中能量的变化规律。能量分析可以评估原始地震资料的空间能量一致性及衰减情况,为后续振幅补偿方法及参数选取做准备。空间能量的变化通常与近地表条件、炸药药量以及覆盖次数等因素密切相关。一般提取地震道均方根振幅属性进行炮点能量分析。

在流程搭建界面中,用鼠标依次左击"Add New Flow"→"DataAnalysis"→"Taketrace Attri",完成地震道属性提取模块的初始化,并将"GeoDisIn"模块中的输入数据选为观测系统定义后的地震数据。由于该处提取的地震道均方根振幅属性会输出到一个二进制属性文件中,因此需将"GeoDiskOut"模块禁用或删除,本示例选择禁用,模块变灰,如图 4-1-39 所示。

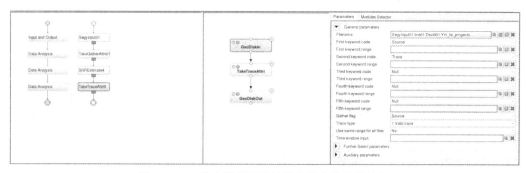

图 4-1-39　均方根振幅属性提取作业的数据输入

在"TakeTraceAttri"模块中自定义输出的二进制属性文件名。"overwrite attribute file"

表示当模块输出文件名已存在时是否对文件进行重写,缺省值为"no",即提交相同文件名时作业会报错,建议选填"yes",这样当生成文件后发现参数有问题或想修改原参数时,直接修改模块参数再提交作业即可,本示例选择"yes"。"time window type"表示时窗类型,本示例选择"rectangle"(矩形时窗)。在"window 1"内,"start time"和"end time"分别表示时窗的起始时间和终止时间,本示例选择地震道的起始时间为 0 ms,终止时间为 5 996 ms(根据所需时窗内的振幅属性进行选取)。模块内的其余参数缺省即可,如图 4-1-40 所示。

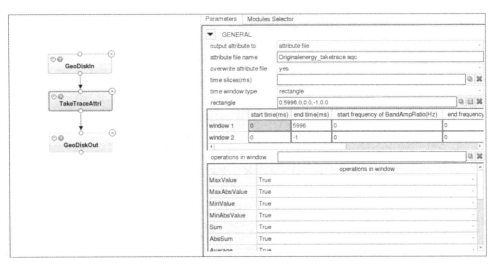

图 4-1-40　均方根振幅属性提取作业的核心模块

在流程搭建界面中,用鼠标依次左击"Add New Flow"→"Data Analysis"→"Take GatherAttri",完成道集属性统计与分析模块的初始化。由于此处的输入数据为刚才生成的二进制属性文件,可在"TakeGatherAttri"模块中完成属性文件输入,且输出数据为文本文件,因此将"GeoDiskIn"模块和"GeoDiskOut"模块禁用或删除,如图 4-1-41 所示。

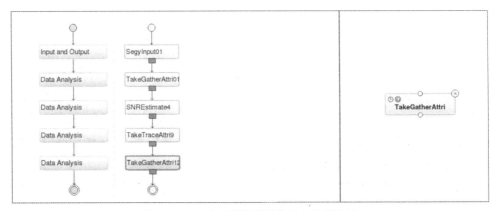

图 4-1-41　建立道集属性统计与分析作业

在"TakeGatherAttri"模块中,"input data type"选定为"attribute file","input file name"选定为"TakeTraceAttri"模块中输出的二进制属性文件(文件名以 . aqc 结尾),如图 4-1-

42 所示。在"text file name"中自定义输出的文本文件名,"define gather type"选定为"Source","attribute type"选定为"time window","window 1"和"window 1 operation"分别选定为"window 1 RMS"和"Average"(此处为提取该时窗内的平均均方根振幅,同理填入不同的参数类型可以获得不同的时窗内属性)。在"output header to file"中,多选中两个道头,分别是"Source Easting"和"Source Northing"。完成上述操作后提交作业,整体模块参数如图 4-1-43 所示。

图 4-1-42　选择新生成的 aqc 文件

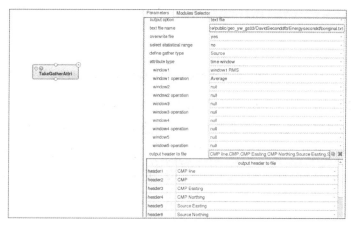

图 4-1-43　道集属性统计与分析作业的核心模块

将该属性文件在主控界面下的"AttriView"模块打开,具体操作可参考 4.1.1 节中 CMP 面元覆盖次数属性文件的打开。用鼠标右击"Data and Graph"中刚刚生成的文件,选择"Create Scatter Graph",然后将"X Coordinate""Y Coordinate""Z Value"分别选定为"Source Easting""Source Northing""window 1 RMS Average"(图 4-1-44),点击"OK"即可获得炮点能量平面图,如图 4-1-45 所示。

结合单炮记录与炮点能量平面图,可综合分析炮点的能量情况。以本数据为例,可以看出不同位置的炮点能量不同,从能量图中也能看出测线左下角部分炮点能量相对较弱,如图 4-1-46 所示。

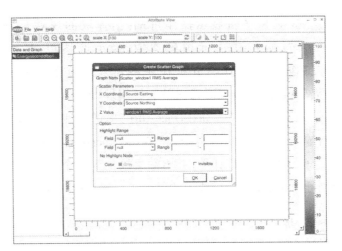

图 4-1-44　选择散点图显示参数

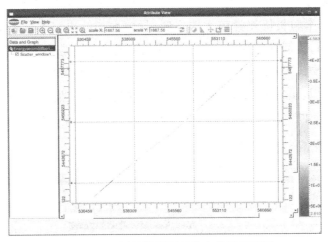

图 4-1-45　原始地震资料炮点能量平面图

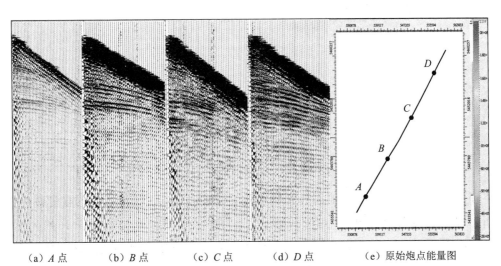

（a）A 点　　　（b）B 点　　　（c）C 点　　　（d）D 点　　　（e）原始炮点能量图

图 4-1-46　炮点能量综合分析

由以上属性文件提取和平面显示操作可知：当提取的属性不需要额外计算（地震道头本身就存在）时，如 CMP 面元覆盖次数、最小偏移距、最大偏移距等，可以在"TakeGatherAttri"道集属性统计与分析模块中输入地震数据并进行提取，在主控"AttriView"模块中展示；而地震数据时窗内的振幅属性（原本地震道头中不存在，如本示例的均方根振幅属性），则需要先在"TakeTraceAttri"单道属性提取模块中计算相应时窗内的振幅属性，然后输出二进制文件，再导入"TakeGatherAttri"模块中；信噪比属性需要在流程界面中使用专门的模块进行计算，并将结果输出到一个文本属性文件中。上述文本属性文件在主控界面"AttriView"模块中的展示操作都是相同的。

4.1.7 子波分析

由于各种因素的影响，单炮炮集内地震道之间、炮与炮之间的能量、频率和相位会产生较大的差异。如果后续处理没有消除地震子波形态的差异，做好子波一致性处理，那么叠加时就会出现频率和相位差异较大的问题，导致叠加结果与实际剖面存在较大误差。因此，做好子波分析，为后续的地震子波一致性处理奠定基础是十分必要的。

打开"Seismic View"界面，在左下方的"Processes"菜单中选择"Correlation Analysis"，此时工具栏中出现"Auto correlation"，在"Dialog"界面中填入最小、最大炮点，时窗选择为整个地震道（图 4-1-47），点击"OK"即可获得子波一致性自相关图，界面上方的画板可以调整显示方式和大小，如图 4-1-48 所示。

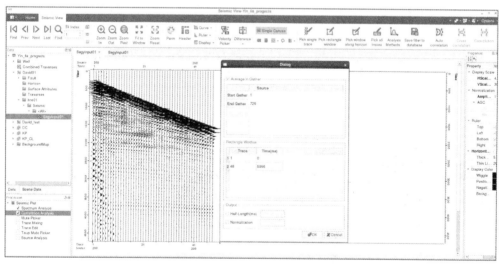

图 4-1-47 子波相关性工具

将子波一致性自相关图与地震资料的单炮记录相结合，可以对原始地震资料进行子波分析。以本实习书所用数据为例（单炮记录选取的 4 个质控点），如图 4-1-49 所示，可以看出工区内子波一致性差异较大，因此后续需要做好一致性处理（补偿、反褶积）。

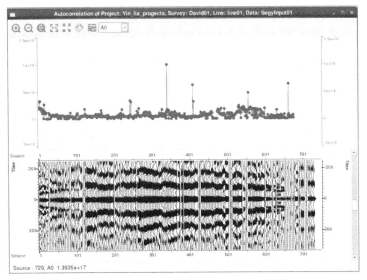

图 4-1-48　原始地震资料子波一致性图

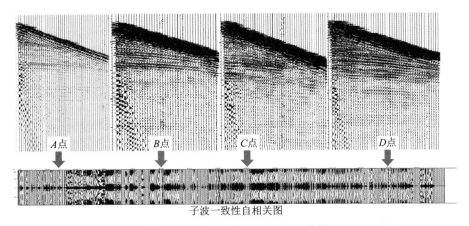

图 4-1-49　子波一致性的综合分析

4.1.8　以往成果资料分析

通过对工区以往成果资料的综合分析,可以深入了解区域地下构造、地层岩性和厚度等宝贵信息,对即将开展的地震资料处理提供很好的指导作用,选取更优、更适合的处理技术,进一步提高地震资料的信噪比、分辨率和成像精度,从而得到更加精确的地震剖面。

4.2　道编辑

在一般的地震采集中,由于检波器数量诸多、野外干扰等复杂因素,不是每道地震道都能较好地反映地下界面信息,此时需要挑出其中检波器采集的坏道与极性不正常的道,这就称为道编辑。地震道编辑是地震资料处理中一项重要的基础工作,这项工作如果做不好,则将严重影响资料处理最终成果的质量。

道编辑时可先在流程搭建界面中创建输入输出模块,使原始地震数据中的有效道通过输入输出作业模块。在 GeoEast 系统中,地震数据经过有效道输出后,新输出的地震数据会自动删去空道和空炮,这简化了后续的道编辑操作。

在流程搭建界面中,用鼠标依次左击"Add New Flow"→"Input and Output"→"GeoDiskOut",完成输入输出模块的初始化。"GeoDiskIn"模块中的输入数据选定为原始地震数据,"Trace type"选定为"1 Valid trace",如图 4-2-1 所示。

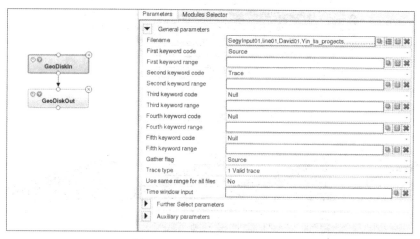

图 4-2-1　原始地震数据输入

自定义新输出的地震数据名称,如图 4-2-2 所示。

图 4-2-2　新输出的地震数据

由图 4-2-3 和图 4-2-4 可以看出,新输出的地震数据在原始地震数据的基础上删除了空道或空炮(即空道和空炮系统都做了不显示处理)。

下面使用交互地震数据显示与质控软件中的道编辑功能来拾取地震道编辑数据表。勾选"Seismic View"界面下左下方的"Trace Edit",点击上方工具"Zero"(该工具可拾取想要"充 0"的地震道,如坏道、空道),自定义地震道编辑数据表名,如图 4-2-5 所示。随后翻阅每炮地震记录,对地震坏道用鼠标左击拾取,该道变红作为标记,如图 4-2-6 所示。如果选择"Zero"工具旁边的"Reverse"工具,则拾取的是极性反转的地震道(被拾取的道变绿作为标记）。翻阅完所有炮并拾取后,点击"Zero"工具旁的"Save"工具进行保存。

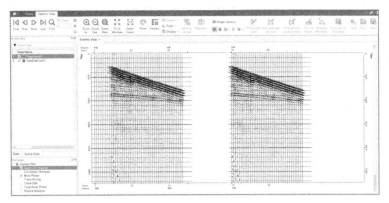

图 4-2-3　第 436 炮原始地震数据(左)与新输出的地震数据(右)

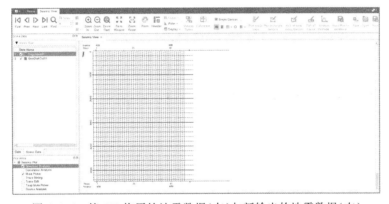

图 4-2-4　第 439 炮原始地震数据(左)与新输出的地震数据(右)

图 4-2-5　"Zero"工具及自定义地震道编辑数据表名

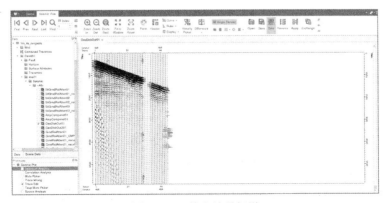

图 4-2-6　拾取地震坏道

在流程搭建界面中,用鼠标依次左击"Add New Flow"→"Auxiliary"→"TrcEdit",完成道编辑模块的初始化。将"GeoDiskIn"模块中的输入数据选定为新的地震数据,如图4-2-7所示。

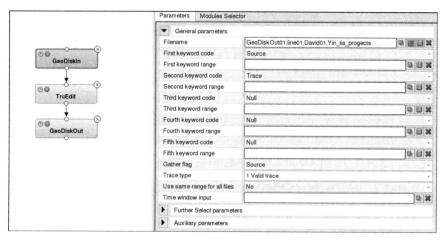

图 4-2-7　道编辑作业的地震数据输入

选择刚才生成的地震道编辑数据表,如图4-2-8所示。

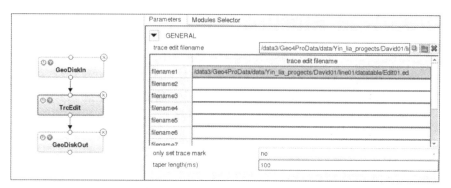

图 4-2-8　道编辑作业的核心模块

自定义道编辑后的地震数据名称,如图4-2-9所示。

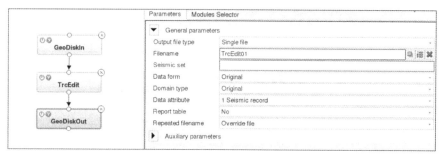

图 4-2-9　道编辑作业的数据输出

道编辑前后的地震数据如图4-2-10所示,可以看出道编辑去除了单炮记录中的坏道,从而提升了原始地震资料的质量。

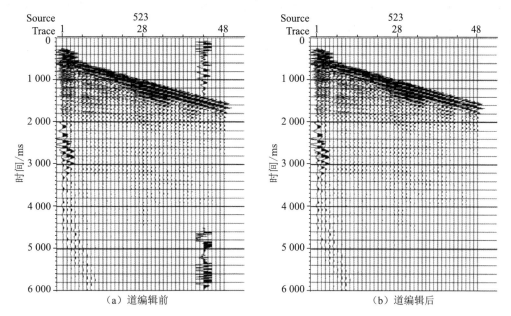

图 4-2-10　道编辑前后的地震数据对比

4.3　静校正技术及质控

静校正是指校正以及消除由于地表高程和地下低速带、降速带变化对反射波旅行时间的影响。静校正是实现共反射点叠加的一项基础工作,它不仅影响叠加剖面的信噪比和垂向分辨率,还影响叠加速度分析的质量。静校正量的求取主要来自两个方面:一是野外测量和观测的数据,包括地面高程数据、井口检波器记录时间、微测井和小折射数据等;二是地震波初至波时间和地下反射信息。前者称为基准面静校正或野外静校正,后者称为初至折射静校正和反射波剩余静校正。

基准面静校正是把所有的激发点(炮点)和接收点(检波点)都校正到同一面(通常这个面为一个水平面)上,这个面称为基准面,并将低速带速度替换成一个较高的常速度,称为替换速度或填充速度。经过基准面静校正后,观测面变得水平,速度横向变化减小,有效地消除了地表起伏和低速度纵、横向变化对反射波旅行时间的影响,使得反射波时距曲线更接近双曲线。

图 4-3-1 所示为基准面静校正示意图。设替换速度为 v,则该道基准面静校正量可写为:

$$\Delta\tau = \frac{h_0 - h_{\mathrm{H}}}{v_0} + \left(\frac{h_1}{v_0} - \frac{h_1}{v}\right) + \frac{h_R}{v_0} + \left(\frac{h_2}{v_0} - \frac{h_2}{v}\right) \tag{4-3-1}$$

式中，$\Delta\tau$ 为静校正量，h_H 为炮点深度，h_0 为炮点地面位置到基准面的距离，h_R 为接收点地面位置到基准面的距离，h_1 为炮点基准面位置到低速带底面的距离，h_2 为接收点基准面位置到低速带底面的距离，v_0 为低速带速度。

式(4-3-1)等号右端 4 项分别为激发点高程校正量、激发点低速带校正量、接收点高程校正量和接收点低速带校正量。将地震记录时间减去 $\Delta\tau$，即完成基准面静校正。

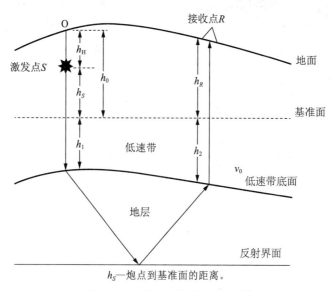

h_S—炮点到基准面的距离。

图 4-3-1　基准面静校正示意图

在地震资料采集环节，除采集得到原始单炮记录之外，也得到静校正量，通常称为野外静校正量。当静校正问题不大时，采用野外静校正量进行基准面静校正，然后进行反射波剩余静校正；当静校正问题较严重时，则需要在室内计算基准面静校正量。由式(4-3-1)可见，求取基准面静校正量的关键在于计算近地表低速带速度 v_0。在室内计算基准面静校正量时，通常利用初至波旅行时间反演获得近地表速度。因此，需要从单炮记录上拾取初至波旅行时间。

4.3.1　野外静校正

以本实习书所用数据为例，通过原始地震数据静校正分析可知，本工区静校正问题较小，因此采用野外高程静校正量进行基准面静校正。

在流程搭建界面中，用鼠标依次左击"Add New Flow"→"Near-surface and Statics"→"StApply"，完成静校正模块的初始化。将"GeoDiskIn"模块中的输入数据选定为道编辑后的地震数据，如图 4-3-2 所示。

在"StApply"模块中，选择从数据库得到野外静校正量，选取相应文件，将"applying field staties directly"直接应用野外静校正选项切换为"source and receiver"，如图 4-3-3 所示。

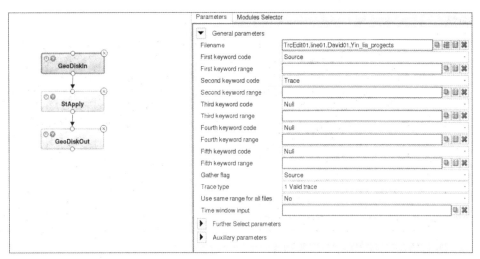

图 4-3-2　静校正作业的数据输入

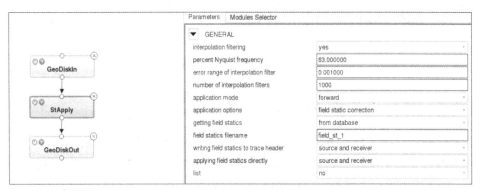

图 4-3-3　静校正作业的核心模块

自定义静校正后的地震数据名称,如图 4-3-4 所示。

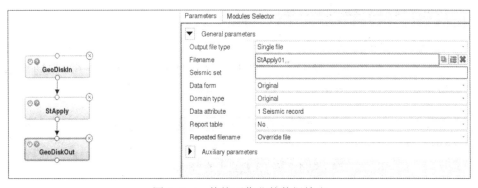

图 4-3-4　静校正作业的数据输出

由于本实习所用数据几乎没有静校正问题,因此本节主要围绕野外高程静校正量的应用进行介绍。野外静校正前后的地震数据对比如图 4-3-5 所示。由图可以看出,在应用野外静校正量之后,反射波同相轴位置整体下移了一些。

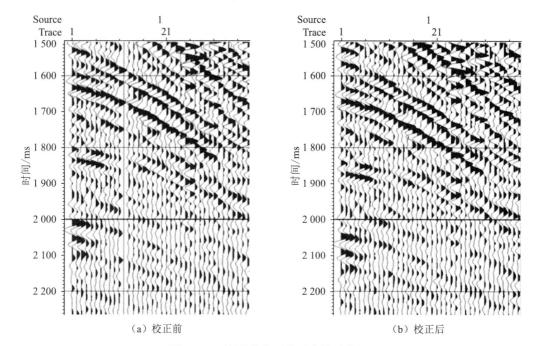

（a）校正前　　　　　　　　　　　　（b）校正后

图 4-3-5　野外静校正前后的地震数据

4.3.2　折射波层析静校正

对于静校正问题比较严重的地震资料,利用野外静校正量一般不能取得较好的效果,此时就需要进行折射波层析静校正。折射波层析静校正有 6 步:① 初至拾取;② 初至拾取质控;③ 初始近地表模型建立;④ 精细近地表模型建立;⑤ 高速层拾取与编辑;⑥ 静校正量计算及应用。下面首先介绍如何打开静校正交互界面及其地震数据,然后依次介绍上述 6 个步骤。需要注意的是,由于本实习所用数据自身静校正问题较小,因此此处介绍的折射波层析静校正的重点是其流程。

1) 打开静校正交互界面及其地震数据

在 GeoEast 主控界面上选择工区,点击工具栏上"Statics"(图 4-3-6),启动"GeoEast"的交互静校正处理系统,如图 4-3-7 所示。

图 4-3-6　工具栏中的"Statics"

在静校正交互界面数据树中选择工区"Static"→"Seismic",用鼠标右击"Select Seismic"对话框,选择用于拾取的单炮文件(可同时选多个),如图 4-3-8 所示,点击"OK"。在工区"Static"→"Seismic"文件下选择要拾取的地震数据,用鼠标右击"Open with"→"Seismic View",打开地震数据。此时会弹出如图 4-3-9 所示的对话框,选择"Seismic Header"代表将拾取的初至时间保存到道头中,选择"FB File"代表将拾取的初至时间保存到初至文件(名称自定义),通常情况下选择"FB File"更方便后续初至文件的输出,本示例也选择保存至初至文件。以上操作完成后即进入打开地震数据后的静校正交互界面,如图 4-3-10 所示,地震数据右侧的测线坐标图可以反映当前炮点在测线上的位置。

图 4-3-7　静校正交互界面

图 4-3-8　选择地震数据并导入

图 4-3-9　初至时间保存至初至文件

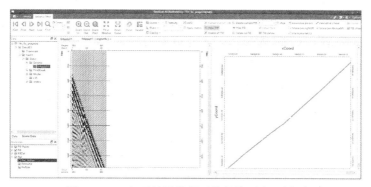

图 4-3-10　打开地震数据后的静校正交互界面

2）初至拾取

进行初至拾取需先进行时窗定义，即单击工具栏中的时窗定义按钮，弹出时窗长度设置对话框，定义时窗的宽度，如图4-3-11所示。回车后在单炮记录上沿初至定义时窗（单击定义控制点，双击结束定义），如图4-3-12所示。

图4-3-11　时窗定义工具及其对话框

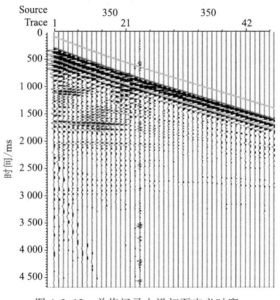

图4-3-12　单炮记录上沿初至定义时窗

时窗定义完成后，单击工具栏中的自动拾取按钮"Pick"（图4-3-13），进行拾取参数设置。如图4-3-14所示，本示例选择所有炮点的初至拾取，其余参数缺省。点击"Start picking"后系统开始自动拾取，在静校正交互界面中可对单炮记录的拾取情况进行翻阅查看，如图4-3-15所示。

图4-3-13　自动拾取初至工具

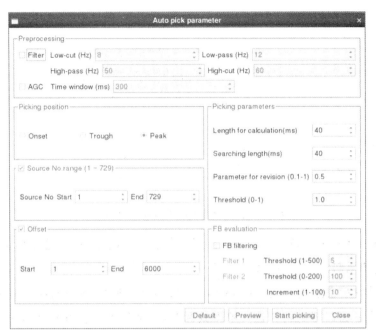

图 4-3-14　自动拾取工具及参数卡

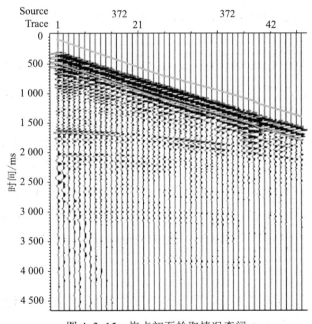

图 4-3-15　炮点初至拾取情况查阅

　　在翻阅单炮记录的初至拾取情况时,如果发现初至的位置出现偏差,可进行交互拾取及修改。首先在上方工具栏中点击"Interactive param"按钮,在对话框中完成参数设置,如图 4-3-16 所示。"pick pos"表示确定拾取初至的具体相位,可以根据需要拾取波峰、波谷或起跳点。如果初至波清晰,最好拾取起跳点的位置。

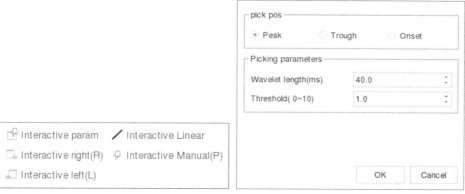

图 4-3-16　交互拾取工具及其对话框

交互拾取包括右引导、左引导、直线引导、手动拾取及删除等。通过以下操作工具，可使偏差较大的初至归位到正确位置上。

（1）右引导：左击工具中的"Interactive right（R）"按钮，使当前窗口处于右引导拾取状态，在炮集显示窗口某道初至位置单击鼠标左键，则从单击位置开始向右自动拾取当前屏初至。

（2）左引导：左击工具中的"Interactive left（L）"按钮，使当前窗口处于左引导拾取状态，在炮集显示窗口某道初至位置单击鼠标左键，则从单击位置开始向左自动拾取当前屏初至。

（3）直线引导：左击工具中的"Interactive Linear"按钮，使当前窗口处于直线引导拾取状态，在炮集显示窗口内按下鼠标左键并拖动鼠标，画出一条直线，松开鼠标后在直线附近（子波长度时窗范围）重新寻找初至位置，进行初至拾取。

（4）手动拾取：左击"Interactive Manual（P）"按钮，使当前窗口处于手动拾取状态，在炮集显示窗口内单击鼠标左键，则从当前道初至的位置拾取（修改）到鼠标所指的位置；若按下鼠标左键并拖动鼠标，则画出一条直线，直线的位置即初至的位置。

（5）删除：工具栏无删除按钮，在炮集显示窗口内按下鼠标右键可删除当前道初至，按下右键拖动则删除多道初至。若要删除一炮的初至，则可单击"Delete current FB"按钮。

3）初至拾取质控

初至质控功能主要用于监控和评价初至拾取的精度，包括初至数据的共激发点域、共检波点域、共中心点域显示，通过质控剔除误差较大的初至。

在完成初至拾取后，右键单击"data"数据树下"FirstBreak"目录下的初至文件，单击"Open FB"弹出如图 4-3-17 所示窗口。图左侧为炮检点平面图窗口，炮检点窗口网格可在"Scene Data"数据树下进行设置；图右侧为初至窗口。初至可以按共激发点域、共接收点域和共中心点域显示，通过点击工具条上的"CommonShot"按钮、"CommonGeophone"

按钮或"CommonCMP"按钮完成。在界面左侧窗口拖动鼠标选择一个或多个激发点、接收点或共中心点网格,右侧窗口即显示对应初至,如图 4-3-18 所示。

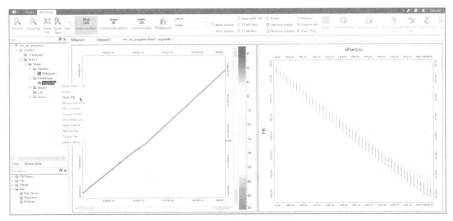

图 4-3-17　初至拾取的质控窗口

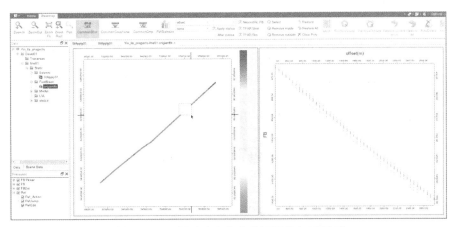

图 4-3-18　滑动选取炮点范围及其初至显示

　　左击界面上方工具栏选择"Select",然后拖动鼠标并点击围成多边形区域,将初至位置差异较大的点排除在多边形区域外,用鼠标右击结束定义多边形。左击界面上方工具栏选择"Remove outside",异常初至即可被剔除,如图 4-3-19 所示。

　　也可分块对测线进行异常初至剔除,具体操作如下:关闭当前"FB"文件;点击"data"数据树下"FirstBreak"目录下的初至文件,用鼠标右击"Block Delete FB",点击界面上方工具栏中的"block",如图 4-3-20 所示。若要对某个分块窗口进行操作,则需单击该分块窗口,使得其外框为红线,此时该分块窗口为当前窗口,可进行操作。

　　完成异常初至剔除后,点击界面上方工具栏中的"save"进行初至保存,可自定义保存初至名称,如图 4-3-21 所示。自定义名称时可以使用原名称,也可以给定一个新名称。当给定一个新名称时,数据树初至数据项下会添加一套初至名称,等同于另存。

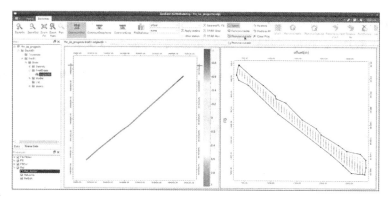

图 4-3-19　剔除异常初至

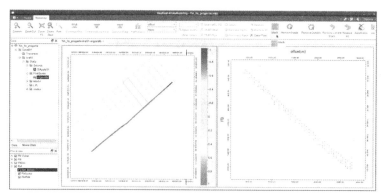

图 4-3-20　剔除分块异常初至

图 4-3-21　自定义初至文件名

4）初始近地表模型建立

利用拾取的初至时间采用梯度法或回转波方法建立初始模型,为下一步精细层析反演提供初始模型。初始模型也可以拾取和编辑高速层,进行静校正量的求取,但是初始模型一般精度较差,得到的静校正量并不能很好地解决资料的静校正问题。下面介绍回转波初始模型的建立。

在流程搭建界面中,用鼠标依次左击"Add New Flow"→"Near-surface and Statics"→"TomoTuring2D",删去"GeoDiskIn"模块和"GeoDiskOut"模块。选择之前的初至文件,填入 CMP 间隔与最大偏移距,如图 4-3-22 所示。需要注意的是,该模块利用初至的斜率进行速度反演,相对来说对初至的质量、反演参数比较敏感。估算斜率的炮检距窗大小与估算地表速度所用的炮检距范围的大小是较敏感的反演参数,二者值较小时能提升反演精度,但若作业失败,则应该将值调大,以提高反演稳定性。

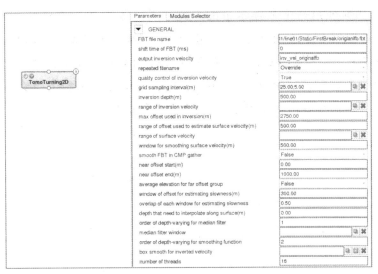

图 4-3-22　二维回转波快速层析的核心模块

在数据树"Static"→"Model"→"TomoModel"下导入初始速度模型文件。用鼠标右击"TomoModel"选择"Select Tomography Model",即导入速度初始模型,如图 4-3-23 所示。

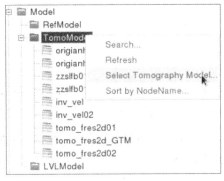

图 4-3-23　导入初始速度模型文件

打开新生成的初始速度模型,如图 4-3-24 所示。

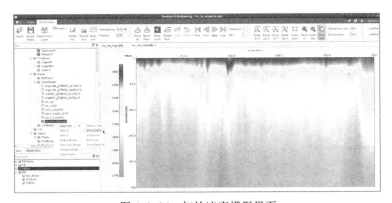

图 4-3-24　初始速度模型界面

5）精细近地表模型建立

下面介绍如何使用基于菲涅尔带的二维层析反演模块建立精细近地表模型。在流程搭建界面中,用鼠标依次左击"Add New Flow"→"Near-surface and Statics"→"PTomoFresnel2D",删去"GeoDiskIn"模块和"GeoDiskOut"模块。选择之前的初至文件和初始速度模型,填入地震资料的 CMP 间隔、最小和最大偏移距,其余参数缺省,如图4-3-25 所示。作业运行成功后,精细的近地表速度模型如图 4-3-26 所示。

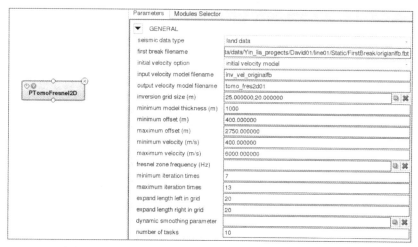

图 4-3-25　基于菲涅尔带的二维层析反演作业核心模块

6）高速层拾取与编辑

在图 4-3-26 的"2DHVLEditor"界面下,点击"Manual pick"开启手动编辑模式,并在速度剖面上手动拾取高速层。用鼠标右击控制点,弹出删除菜单,可以删除该点;用鼠标左击控制点,该点被激活,可进行移动编辑;用鼠标左键框选多个控制点,可以同时进行多点的移动删除。手动拾取的高速层的操作结果如图 4-3-27 所示,拾取后可用界面上方"Smooth line"工具(图 4-3-28)对其进行平滑。

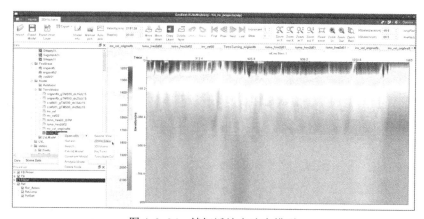

图 4-3-26　精细近地表速度模型

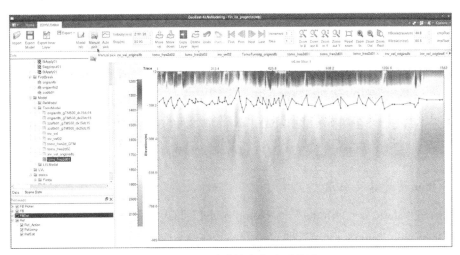

图 4-3-27　手动拾取高速顶界面

图 4-3-28　平滑拾取线工具

填写"Velocity（m/s）"并点击"Auto pick"可自动拾取高速层,也可以对高速层进行平移、平滑等操作,自动拾取结束后可手动修改和编辑单条线的拾取结果。图 4-3-29 所示为速度 1 690 m/s 时系统自动拾取的高速顶界面。

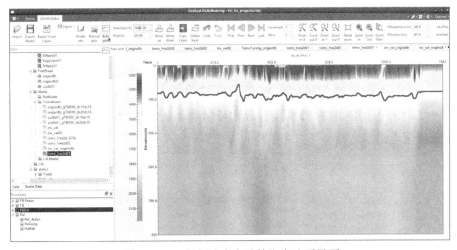

图 4-3-29　根据速度自动拾取高速顶界面

完成高速顶界面的拾取后,用鼠标依次左击界面左上方的"Export"→"Export CMP Layer",随后自定义输出的高速顶界面文件名,如图 4-3-30 所示。

图 4-3-30　保存高速顶界面

7）静校正量计算及应用

在数据树"Static"→"Model"→"TomoModel"下选择精细速度模型文件,用鼠标右击选择"Open with TomoStatiCal",即可进行静校正量计算。选择相应初至文件,设置基准面和替换速度,如图 4-3-31 所示。

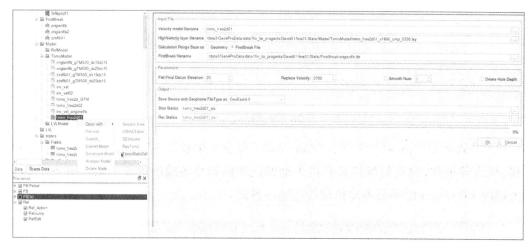

图 4-3-31　静校正量计算

静校正量计算完成后,可通过近地表信息查看静校正量。用鼠标右击主控界面数据树中"WorkFlow"的测线"line01",然后用鼠标依次左击"Database Browser"→"Near Ground"→"Statics",如图 4-3-32 所示。最后可参考 4.3.1 节"野外静校正"的作业流程,将静校正量应用至地震数据。

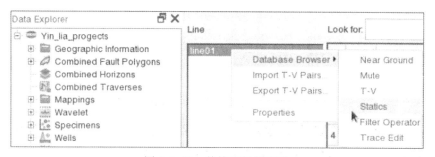

图 4-3-32　静校正量的查看

4.4　噪声压制及质控

　　地震资料中的噪声一般分为两大类,即规则噪声和随机噪声。规则噪声又称为相干噪声,在时间和空间上具有一定的规律性,运动学特征明显,通常包括面波干扰、线性干扰、工业电干扰以及多次反射波等。随机噪声又称为不规则噪声,在空间和时间上具有随机性,频带较宽,在实际地震数据中无处不在,运动学特征不明显,没有规律性。随机噪声虽然具有很强的随机性,但它遵循着一定的统计规律。在地震勘探中要想得到清晰的有效反射信号,就必须压制噪声,提高信噪比的工作贯穿于地震数据采集、处理和解释的全过程之中,是一项极为重要的工作。

　　叠前去噪是地震资料处理过程中提高信噪比的有效手段。针对原始资料中不同类型干扰波在振幅、频率、相干关系上与有效波的各种差异,在尽可能保幅保真的前提下,本着先强后弱、先低频后高频、先规则后随机的原则,采用叠前系列多域去噪技术,压制干扰波,逐步提高资料的信噪比。

　　图 4-4-1 为某区二维资料规则干扰和随机干扰综合压制前后的 CMP 叠加剖面,由于存在面波、异常振幅、线性干扰和随机干扰,叠加剖面信噪比较低,所以当规则干扰和随机干扰综合压制后,叠加剖面信噪比明显提高。

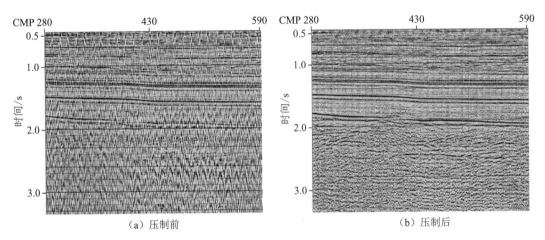

图 4-4-1　某区二维资料规则干扰和随机干扰压制前后 CMP 叠加剖面对比

4.4.1　面波压制及质控

　　相对于有效波而言,面波的速度低、频率低,利用这些差异即可有效压制面波。在对面波进行压制前,需要已知面波的视速度、主频和反射波主频参数。通过单炮记录的速度拾取和选择时窗的频谱分析,可以获取以上这些参数,具体操作可参考 4.1.3 节“干扰波分析”。图 4-4-2 所示为某区压制面波前后单炮记录及压制掉的面波图。由图可以看出,面波得到有效压制,反射波同相轴变得更为清晰,压制掉的面波中未见反射波。

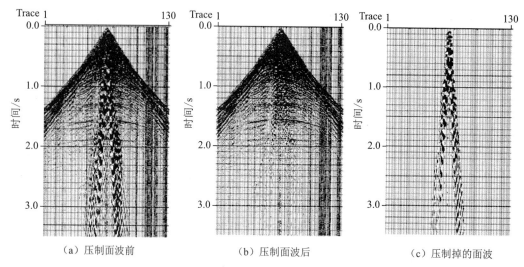

（a）压制面波前　　　　　　　（b）压制面波后　　　　　　（c）压制掉的面波

图 4-4-2　某区压制面波前后单炮记录及压制掉的面波

　　此处使用"GrndRolAtten"（自适应面波衰减）模块。具体操作如下：在流程搭建界面中，用鼠标依次左击"Add New Flow"→"Noise Attenuation"→"GrndRolAtten"，完成自适应面波衰减模块的初始化。将"GeoDiskIn"模块中的输入数据选定为静校正作业的输出数据，如图 4-4-3 所示。

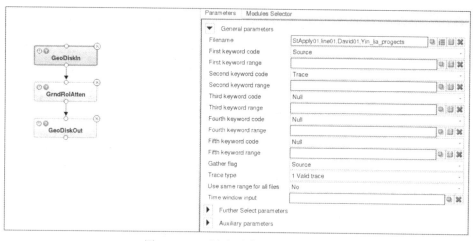

图 4-4-3　面波衰减作业的数据输入

　　将地震数据中面波的最大视速度、反射波主频和面波主频输入参数卡（具体参数获取可参考 4.1.3 节"干扰波分析"）中，输出类型为"denoised data"，即不包含噪声的地震数据，如图 4-4-4 所示。

　　自定义面波衰减后的地震数据名称，如图 4-4-5 所示。

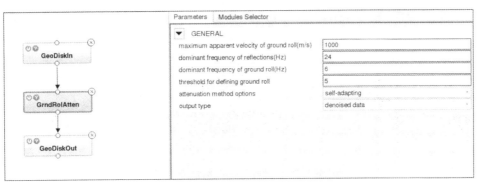

图 4-4-4　面波衰减作业的核心模块

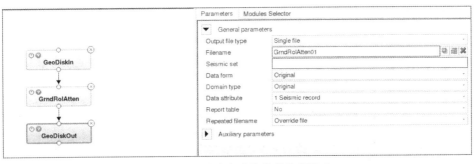

图 4-4-5　面波衰减作业的数据输出

为了更好地进行质控,对比去除面波的效果,可以在该作业中多输出一个噪声数据,即输出去除的面波。点击鼠标左键并拖动窗口,选中"GrndRolAtten"模块和"GeoDiskout"模块,然后用鼠标右击选择复制,在附近空白处粘贴,如图 4-4-6 所示。

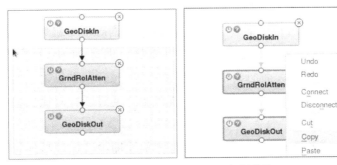

图 4-4-6　复制模块

将已粘贴的模块移至适当位置,并分别点击"GeoDiskIn"模块下方及新生成的"GrndRolAtten"模块上方的小圈,将其串联起来,如图 4-4-7 所示。在新生成的"GrndRolAtten"模块中,将输出类型选定为"noise",并在新生成的"GeoDiskOut"模块中自定义输出的噪声数据名称,如图 4-4-8 所示。完成上述操作后,提交该作业即可同时输出去噪后的地震数据及去除的噪声。

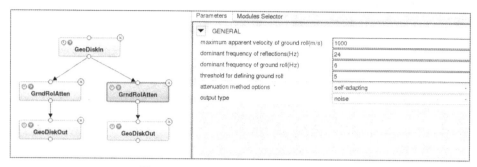

图 4-4-7 "output type" 选定为 "noise"

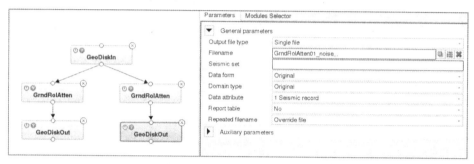

图 4-4-8 噪声的数据输出

在 "Seismic View" 中可以将去噪前地震数据、去噪后地震数据和去除的噪声放在同一界面中进行显示,以便进行单炮记录上的对比质控。观察输出的噪声是否包含有效信号,以及输出的地震数据中噪声是否完全去除,该质控环节可以应用于去噪环节中的每一步骤,如后续的线性干扰压制和异常振幅压制。

以本实习书所用数据为例,通过质控进行参数实验。在同一炮中,当反射波主频设定为 25 Hz 时,可以观察到输出的噪声中面波得到有效去除,但同时不可避免地去除了有效信号,如图 4-4-9 所示。重新调整参数,将反射波主频参数值调至 24 Hz,由图 4-4-10 可以看出,有效信号几乎没有被去除,而面波得到良好的去除。然而,如果输入的反射波主频为 23 Hz,则会造成较大残余面波,产生较差的去噪效果。通过质控对比实验结果可确定综合去噪效果最佳的参数。

对去除面波前后的地震数据进行叠加剖面对比,在剖面图中可以清晰地看出噪声是否得到有效去除(不仅在去噪环节前后可以进行对比,后续的振幅补偿和反褶积前后等也是如此,通过对比处理前后剖面能够明确处理效果),因此在质控时常常会对比处理前后的叠加剖面。下面介绍叠加剖面的操作(可参考 4.7 节中的 "速度分析" "动校正" 及 "叠加"):速度分析、动校正和叠加。

首先进行速度分析,生成速度谱,并在速度谱上拾取能量团,以获取叠加速度(在用于质控的叠加剖面上拾取速度时不用太精细,通常选取一个 CMP 点进行拾取即可);然后将 CMP 道集上的同相轴用动校正模块校平;最后通过 "Staking" 模块进行叠加处理。具体操作如下。

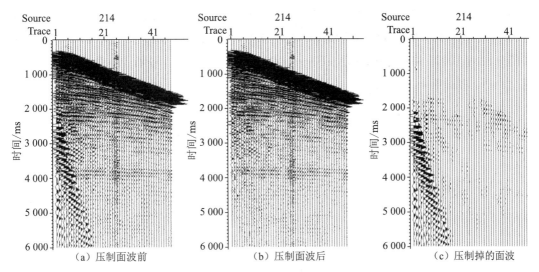

图 4-4-9　压制面波前后的单炮记录及压制掉的面波（反射波主频为 25 Hz）

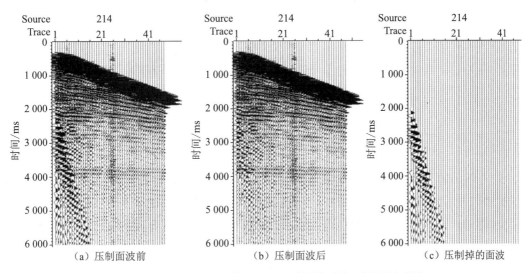

图 4-4-10　压制面波前后的单炮记录及压制掉的面波（反射波主频为 24 Hz）

1）速度分析

在流程搭建界面中，用鼠标依次左击"Add New Flow"→"Velocity Analysis"→"VelAnaDefinition"，完成速度分析点定义模块的初始化。删除"GeoDiskIn"和"GeoDiskout"模块，并在"VelAnaDefinition"模块之后依次串联"TVarFilt"模块、"AmpEqu"模块、"VelAnaCorr"模块。其中，"TvarFilt"模块的地震数据经过静校正，但尚未进行后续处理，信噪比低且存在严重的低频噪声，为了更准确地在能量谱上拾取叠加速度，可使用时变滤波模块留下反射波频带优势部分，突出反射波；"AmpEqu"模块的地震数据经过静校正但尚未进行后续处理，中深层的反射波因为波前扩散和地层衰减等原因几乎不可见，在此可用振幅均衡模块对地震数据进行振幅均衡，使系统更准确地拾取叠加速度。将

"VelAnaDefinition"模块中的输入数据选定为静校正作业的输出数据,并填写起始 CMP 号、终止 CMP 号、CMP 间隔和偏移距的变化范围,假设起始 CMP 号、终止 CMP 号和 CMP 间隔分别为 100,1 400,100,表示 100～1 400 范围的 CMP 点,每隔 100 个 CMP 点做一次速度分析,如图 4-4-11 所示。

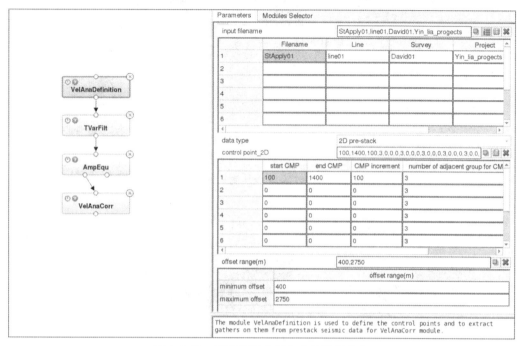

图 4-4-11　初次速度分析作业的数据输入

在"TVarFilt"模块中,将"passband type"选定为"band pass"(带通滤波算子),"parameter_ pt_bp"中"F1（Hz）"—"F2（Hz）"为低频端的过渡带,"F3（Hz）"—"F4（Hz）"为高频端的过渡带,"length（ms）"为算子长度。以本实习书所用数据为例,该设置可以突出 12～40 Hz 频带的反射波,滤除干扰波,如图 4-4-12 所示。

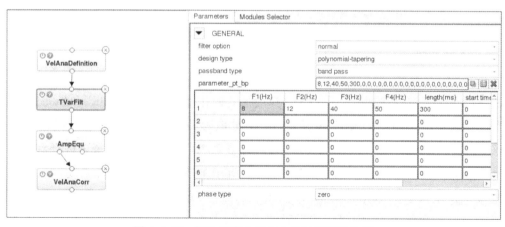

图 4-4-12　初次速度分析作业的时变滤波处理

在"AmpEqu"模块中,振幅均衡方式选为"RMS"均方根均衡,其余参数缺省,如图4-4-13 所示。

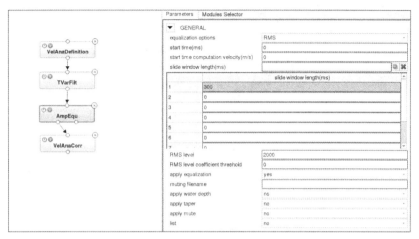

图 4-4-13　初次速度分析作业的振幅均衡

在"VelAnaCorr"模块中,自定义输出的速度谱文件名,并选取顶部切除文件。顶切是为了消除顶部强初至波对计算速度谱带来的影响。新的速度谱生成方式如下:打开地震数据显示界面,在"Select Seismic Index"中选择"CMP"(因为后续想要生成的叠加速度是为CMP 道集动校正服务的),如图4-4-14 所示。在地震数据显示界面中,选择 CMP 号在中间的点,这是因为此处的覆盖次数较高,便于分析,本示例选择 CMP 号为 700 的点,用"Parm"面板调整适当的显示方式和大小。选中界面左下方的"Mute Picker",用鼠标左击上方工具栏的"New",新建切除文件,如图4-4-15 所示。依次拾取点,将初至波排除在所连红线上方,如图4-4-16 所示。但需要注意,在近偏移距时,由于反射波较少,若全部切除初至波会导致浅层反射波丧失,因此从 4,5 道后才完全切除初至波,拾取后用鼠标右击上方"Save"即可。

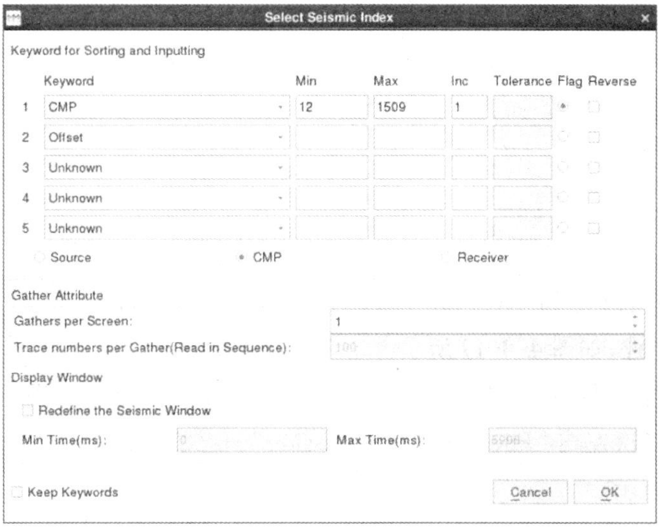

图 4-4-14　静校正后的地震数据选择 CMP 道集方式显示

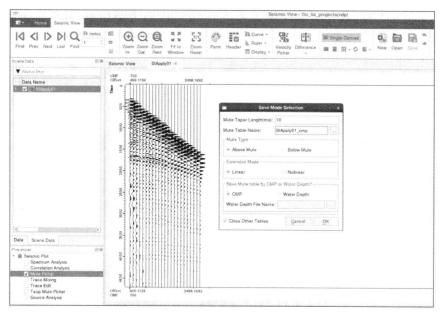

图 4-4-15 顶切文件生成的入口

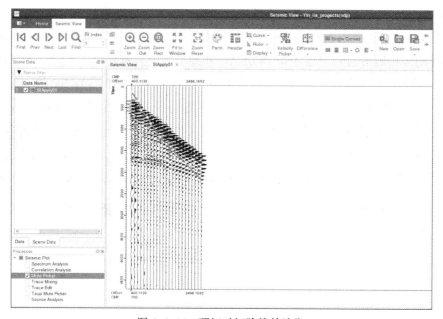

图 4-4-16 顶切时切除线的选取

速度扫描类型选定为"constant velocity"常数扫描,速度扫描范围设置为 1 000 ~ 8 000,并提交该作业,如图 4-4-17 所示。

在主控界面中,用鼠标左击上方工具栏的"VelocityAna"选项,进入速度分析交互界面,然后用鼠标依次左击"File"→"Open Session"→"Create Session",自定义 session 名称,如图 4-4-18 所示。

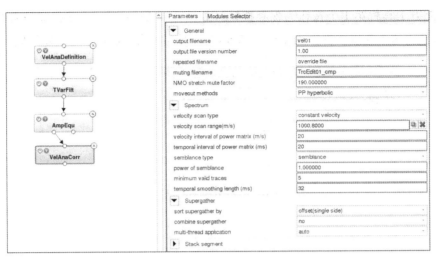

图 4-4-17　初次分析作业的相关速度谱计算

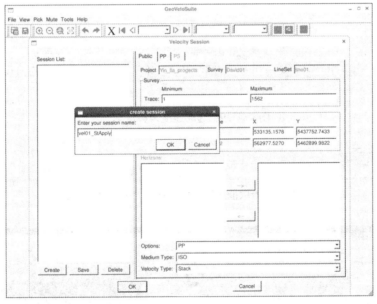

图 4-4-18　速度分析交互初始界面

添加地震数据道集,选择切除文件,选中生成的速度谱,如图 4-4-19 所示,用鼠标左击"OK"。

初次交互拾取速度谱,只需交互拾取一个 CMP 点的速度谱即可。点击界面上方工具栏的"NMO"按钮,即可显示拾取能量谱后对应的动校正效果,如图 4-4-20 所示。用鼠标右击每个部分都会显示相应的面板,用于调整其显示方式和大小,与地震数据显示"Pram"设置类似。从上至下依次拾取能量团,3 000 ms 以上的能量团趋势明显且易于拾取,应更频繁地进行拾取;而 3 000 ms 以下的能量团可能存在多次波等干扰,因此只需大致拾取出速度趋势。以本实习书所用数据为例,拾取一条 CMP 号为 1 000 的速度谱,并保存速度文件(界面上方工具栏第 1 个按钮为保存按钮),如图 4-4-21 所示。后续处理技术的剖面质控都可以使用这个速度文件作为动校正速度,使用比较方便,无须多次重复拾取。

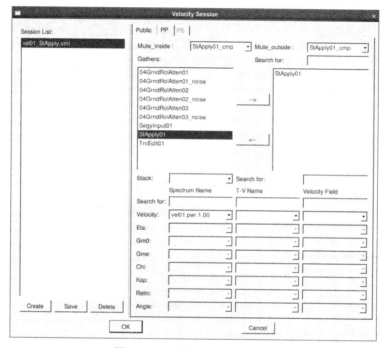

图 4-4-19　选取速度谱和道集

图 4-4-20　拾取能量谱对应的动校正效果展示按钮

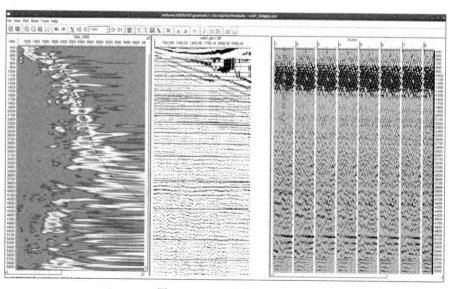

图 4-4-21　速度拾取页面

2）动校正

完成动校正速度拾取后，接下来需要对 CMP 道集进行动校正。在流程搭建界面中，用鼠标依次左击"Add New Flow"→"NMO"→"NMO"，将"GeoDiskIn"模块中的输入数据选定为静校正作业的输出数据，将"First keyword code""Second keyword code""Gather flag"分别选定为"CMP""Offset""CMP"，因为动校正是在 CMP 道集上完成的，所以此处关键字和旗标的选择相当于地震数据是以 CMP 道集形式加载进入下一步模块，如图 4-4-22 所示。

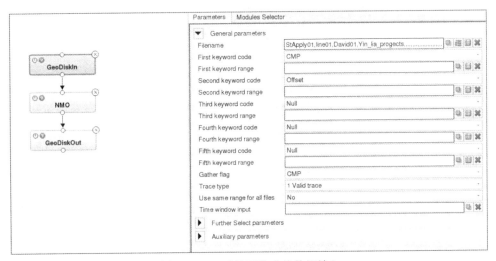

图 4-4-22　动校正作业的数据输入

在"NMO"模块中，选取上一步速度分析中拾取的速度文件，如图 4-4-23 所示。

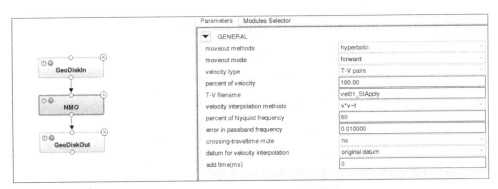

图 4-4-23　动校正作业的核心模块

自定义动校正后的地震数据名称，如图 4-4-24 所示。

提交作业后即可得到动校正后的地震数据 CMP 道集。然而，由于动校正后的地震数据浅层存在较强拉伸，需要对拉伸部分进行顶部切除，并将切除文件保存，以备后续叠加操作使用，如图 4-4-25 所示。

图 4-4-24　动校正作业的数据输出

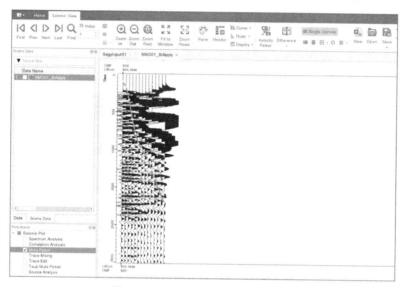

图 4-4-25　拾取动校正拉伸切除线

3）叠加

在流程搭建界面中，用鼠标依次左击"Add New Flow"→"Stacking and DMO"→"Stacking"，在"GeoDiskIn"模块后插入"Muting3D"模块。将"GeoDiskIn"模块中的输入数据选定为动校正后的输出数据，将"First keyword code""Second keyword code""Gather flag"分别选定为"CMP""Offset""CMP"，如图 4-4-26 所示。

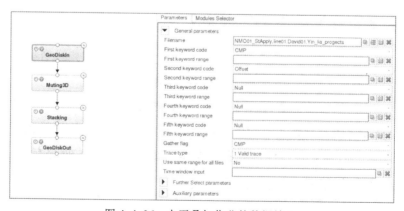

图 4-4-26　水平叠加作业的数据输入

在"Muting3D"模块中,选取动校正拉伸后保存的切除文件,如图 4-4-27 所示。

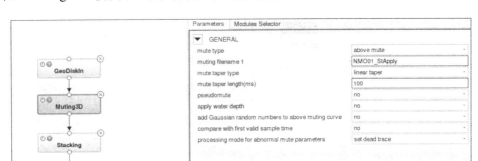

图 4-4-27　选取切除文件

在"Stacking"模块中,参数缺省即可,如图 4-4-28 所示。

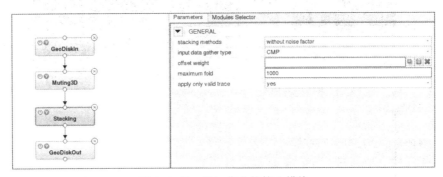

图 4-4-28　叠加作业的核心模块

在"GeoDiskOut"模块中,自定义叠加后的地震数据名称,如图 4-4-29 所示。此时的地震数据已经是地震剖面形式,即地震数据经静校正处理后的叠加剖面,可通过主控界面工具栏的"Seismic View"进行查看,并以变密度方式展示,以获得更直观的效果。同时,还可以调整合适的颜色值范围来显示数据,如图 4-4-30 所示。图 4-4-31 所示为该设置下的地震剖面显示。

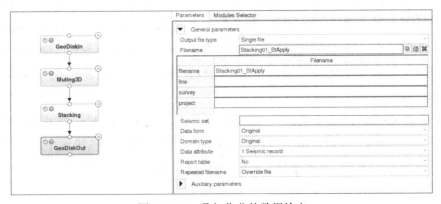

图 4-4-29　叠加作业的数据输出

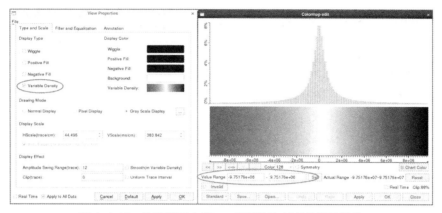

图 4-4-30　地震剖面中"Parm"面板的变密度显示调整

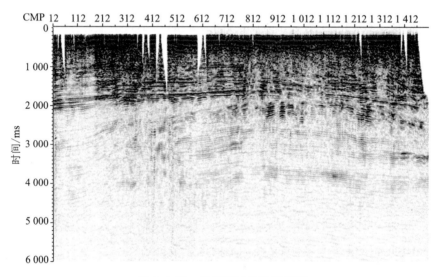

图 4-4-31　静校正后的地震剖面

　　按照类似的步骤可获得去除面波后的地震剖面。速度文件和顶切文件可选用之前已拾取的,只需要对去面波后的 CMP 道集进行动校正和叠加。具体操作如下:在流程搭建界面底部分别复制"NMO"和"Stacking and DMO"两个流程并粘贴,如图 4-4-32 所示。

　　将"NMO"作业中的"GeoDiskIn"模块输入数据选定为去面波后的地震数据,"First keyword code""Second keyword code""Gather flag"分别选定为"CMP""Offset""CMP","NMO"模块中的参数设置同上一步,自定义动校正后的地震数据名称,如图 4-4-33 ～图 4-4-35 所示。

　　"Stacking and DMO"作业的操作与上述操作类似,将"GeoDiskIn"模块中的输入数据选定为上一步"NMO"作业的输出数据,"Muting3D"和"Stacking"模块中的参数与之前选定的一样,自定义叠加后的地震数据名称,如图 4-4-36 ～图 4-4-39 所示。

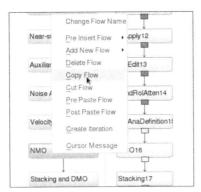
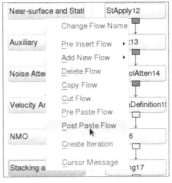

图 4-4-32　作业流程的复制与粘贴

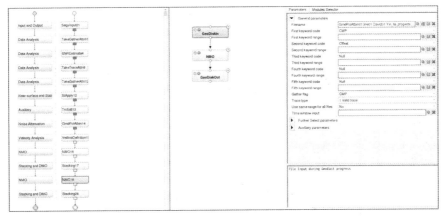

图 4-4-33　动校正作业的数据输入

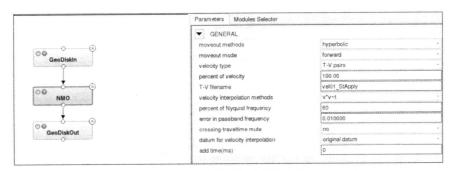

图 4-4-34　动校正作业的核心模块

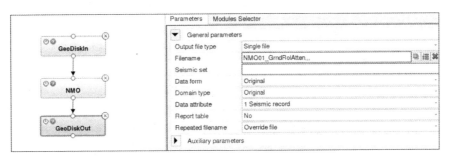

图 4-4-35　动校正作业的数据输出

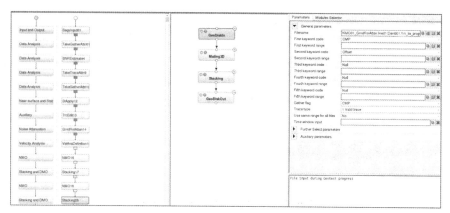

图 4-4-36　水平叠加作业的数据输入

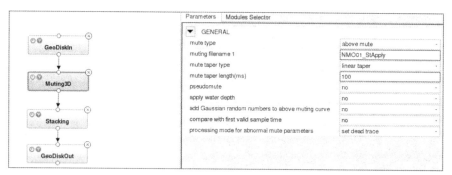

图 4-4-37　叠加作业的拉伸切除

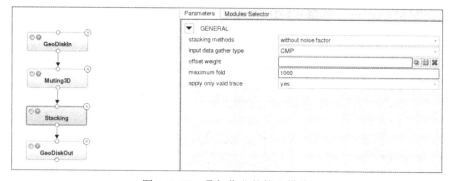

图 4-4-38　叠加作业的核心模块

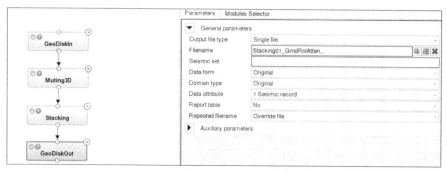

图 4-4-39　叠加作业的数据输出

完成上述作业后,即获得去除面波后的地震剖面,如图 4-4-40 所示。对比去除面波前后的地震剖面,可以清晰地看到面波是否得到有效去除。以本实习书所用数据为例,可以看出面波已得到有效去除,如图 4-4-41 所示。

本节详细介绍了如何通过前后剖面对比来进行处理效果的质控。在后续章节中,相同的剖面质控操作将不再赘述。简而言之,剖面质控就是将某项处理操作(如去面波或去线性干扰等)前后的地震数据都叠加成剖面,然后进行对比。为方便起见,除需要精细拾取速度的叠加剖面外,对于质控剖面所需的速度和切除文件统一用第 1 次生成的即可。

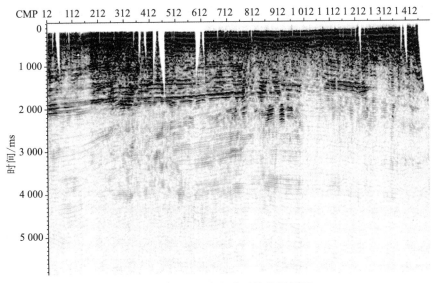

图 4-4-40　面波去除后的地震剖面

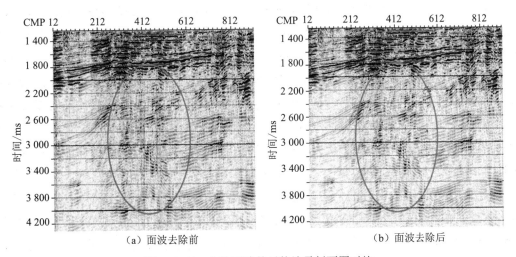

　　　　（a）面波去除前　　　　　　　　　　　　　（b）面波去除后

图 4-4-41　去除面波前后的地震剖面图对比

4.4.2　线性干扰压制及质控

单炮记录上反射波时距曲线通常表现为双曲特征,而线性干扰的时距曲线则表现为线性特征,利用这种差异可以有效压制线性干扰。压制线性干扰需要已知其视速度,在单炮记录上进行速度拾取即可获得(具体操作见 4.1.3 节"干扰波分析")。由于面波是由一系列不同频率的线性干扰组成的,因此线性干扰压制方法也可以用来压制面波。

在流程搭建界面中,用鼠标依次左击"Add New Flow"→"Noise Attenuation"→"LinNoiRemv",完成叠前线性干扰压制(小波分频法)模块的初始化。将"GeoDiksIn"模块中的输入数据选定为自适应面波衰减模块的输出数据,如图 4-4-42 所示。

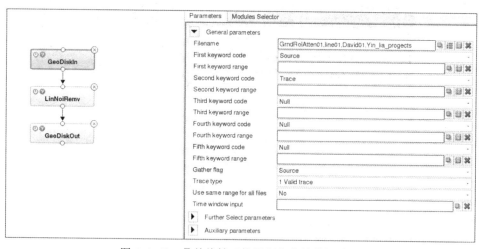

图 4-4-42　叠前线性干扰压制作业的数据输入

在"LinNoiRemv"模块中,将地震数据中线性干扰的最小视速度和最大视速度填入参数卡。在参数卡中填入滤波应用的起始时间和终止时间("filter application time"),缺省都为 0,表示滤波应用的时间从 0 到输入道长。"maximum number of traces"为每次处理的最大道数,缺省为 600 道,当每炮道数较少时,填入较少道数,以减少系统申请的相应缓冲区数量,提高计算效率。"peaks in low frequency band(shallow)"表示低频处理时线性干扰视速度方向上连续出现的正极性个数(浅层),缺省为 18 个。浅层(线性干扰出现的最小时间)和深层(线性干扰出现的最大时间)线性干扰视速度方向上连续出现的正极性个数参数"peaks"比较重要,参数越小,去噪能力越强,对有效信号的危害性越大;参数越大,去噪能力越弱,对有效信号的危害性越小。例如,"peaks"缺省值为 18 时,若出现有效信号去除过多的现象,则可以将参数调大;若出现噪声残留较多的现象,则可以将参数调小。"frequency band options"为分频处理选件,"low"表示仅压制低频部分的线性干扰,"low and high"表示分别压制高频和低频部分线性干扰。"data form"为数据类型选项(2D 或 3D)。设置完成的"LinNoiRemv"模块如图 4-4-43 所示。

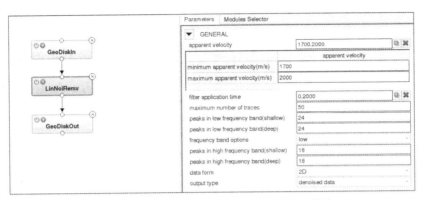

图 4-4-43 叠前线性干扰压制作业的核心模块

自定义叠前线性干扰压制后的地震数据名称,如图 4-4-44 所示。

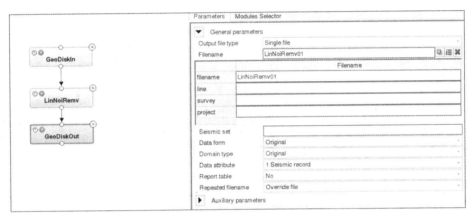

图 4-4-44 叠前线性干扰压制作业后的数据输出

为了更好地对比线性干扰的去除效果,进行单炮记录上的质控,可以在该作业中增加一个额外的噪声数据输出,本示例为额外输出线性噪声(具体操作可参考 4.4.1 节中"面波压制及质控")。在新生成的"LinNoiRemv"模块中,将输出类型选定为"noise",并在新生成的"GeoDiskOut"模块自定义输出的噪声数据名称,如图 4-4-45 和图 4-4-46 所示。完成以上步骤后,提交该作业即可同时输出去噪后的地震数据以及去除的噪声。

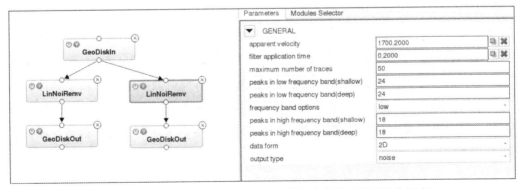

图 4-4-45 将复制的"LinNoiRemv"模块中的输出类型改为噪声

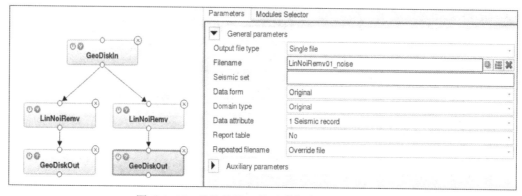

图 4-4-46　叠前线性干扰压制作业后的噪声输出

　　以本实习书所用数据为例,通过单炮记录质控可以看出线性干扰已得到有效去除,如图 4-4-47 所示。

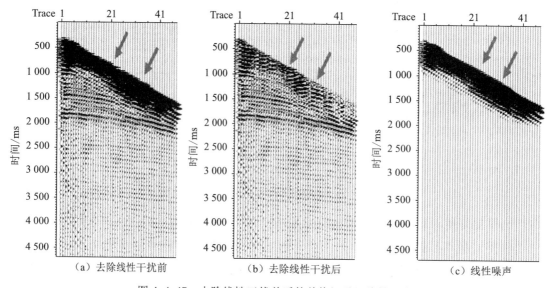

（a）去除线性干扰前　　　　　（b）去除线性干扰后　　　　　（c）线性噪声

图 4-4-47　去除线性干扰前后的单炮记录及线性噪声

4.4.3　异常振幅压制及质控

　　当地震测线通过公路、铁路、矿山、城镇、油田开发区时,地震记录上常见异常强振幅干扰(也称为野值干扰),若不对它进行压制,叠加剖面会出现强异常振幅,偏移剖面上会出现严重的画弧现象。在压制异常振幅时,应根据它与反射波在振幅和频率等特征上的差异而采用不同方法。图 4-4-48 所示为某区压制异常振幅前后的单炮记录及压制掉的异常振幅。由图可以看出,异常振幅得到了很好的压制,这为后续的叠加和偏移处理奠定了良好的基础。

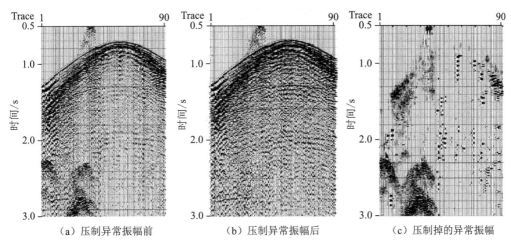

（a）压制异常振幅前　　　　　（b）压制异常振幅后　　　　　（c）压制掉的异常振幅

图 4-4-48　某区压制异常振幅前后的单炮记录及压制掉的异常振幅

在流程搭建界面中，用鼠标依次左击"Add New Flow"→"Noise Attenuation"→
"WildAmpAtten"，完成异常振幅衰减模块的初始化。将"GeoDiskIn"模块中的输入数据选
定为叠前线性干扰压制作业的输出数据，如图 4-4-49 所示。

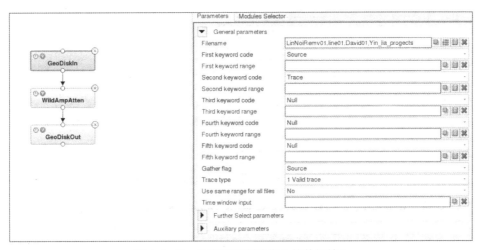

图 4-4-49　异常振幅衰减作业的数据输入

在"WildAmpAtten"模块中，需要将切除文件填入参数卡中，因此需要先得到切除文
件。对于炮集数据或叠前 CMP 道集数据，必须提供与该道集类型相匹配的切除表。切
除时间应大于初至时间，即初至时间之前不做处理（在单炮记录中初至能量较强，避免将
其压掉），如图 4-4-50 所示。在参数卡中输入"time vs threshold"随时间变化的门槛值，
"threshold value"时间门槛参数表示对影响噪声压制的程度（即对大于信号平均能量门槛
值倍数的振幅进行压制），门槛值越小，异常振幅压制效果越强。为了减少对有效信号的
损伤，所用的门槛值通常随时间的增加而减小，门槛值可人为估计或通过实验给出，如图
4-4-51 所示。

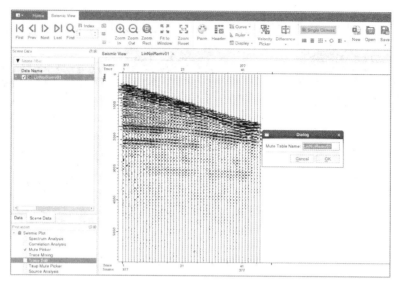

图 4-4-50   拾取异常振幅衰减所需的切除文件

图 4-4-51   异常振幅衰减作业的核心模块

自定义异常振幅衰减后的地震数据名称,如图 4-4-52 所示。

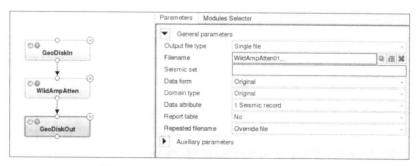

图 4-4-52   异常振幅衰减作业的数据输出

与面波压制和线性干扰压制相同,为了进行单炮记录的质控对比,需额外输出一个噪声数据。复制"WildAmpAtten"模块和"GeoDiskOut"模块,将其并联在"GeoDiskIn"模块下。在新生成的"WildAmpAtte"模块中,输出类型选定为"noise",在新生成的

"GeoDiskOut"模块中自定义输出的噪声数据名称,如图 4-4-53 和图 4-4-54 所示。完成上述操作后,提交该作业即可同时输出去噪后的地震数据及去除噪声。

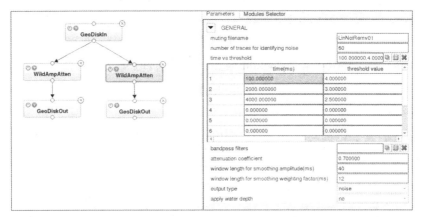

图 4-4-53　将复制的"WildAmpAtten"模块中的输出类型改为噪声

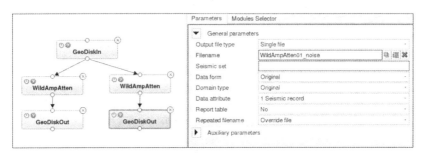

图 4-4-54　异常振幅衰减作业后的噪声输出

以该数据为例,通过单炮记录质控可以看出异常振幅已得到有效去除,如图 4-4-55 所示。

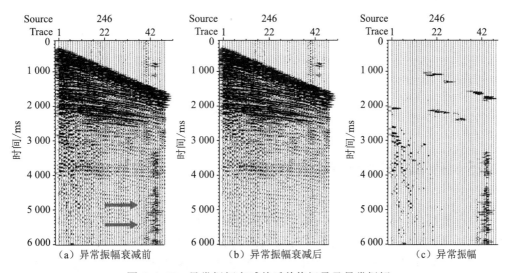

图 4-4-55　异常振幅衰减前后单炮记录及异常振幅

4.4.4 整体去噪效果质控

完成了上述去噪流程后,需要对整体的去噪效果进行质控,主要包括去噪前后的剖面质控、目的层上的频谱分析。去噪流程前的叠加剖面已经得到,在此只需再得到去噪后的叠加剖面即可。速度文件和顶切文件可直接使用现有的,因此只需分别复制去面波后叠加剖面操作所用的"NMO"和"Stacking and DMO"流程,将其粘贴到流程搭建界面底部,修改参数即可完成去异常振幅后 CMP 道集的动校正和叠加。具体可参考 4.4.1 节中去除面波后的叠加剖面操作,在此不再赘述。

去噪前后的叠加剖面对比如图 4-4-56 所示,频谱对比如图 4-4-57 所示。由图可以看出,面波、线性干扰和异常振幅等噪声已得到有效去除,去除的噪声主要为低频噪声。

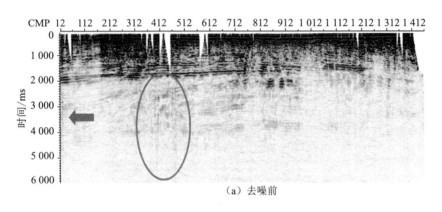

(a)去噪前

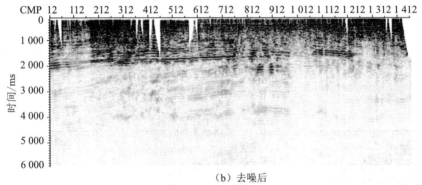

(b)去噪后

图 4-4-56 去噪前后的叠加剖面对比

4.5 振幅补偿处理及质控

利用反射时间,可以获得地下地质构造信息,利用地下地层反射系数,可以推断地下岩性和流体等信息,因此地下地层反射系数的获取对岩性和流体的识别至关重要。但是野外记录的反射波振幅不仅受地下地层反射系数影响,还受激发因素(井深、药量等)、接

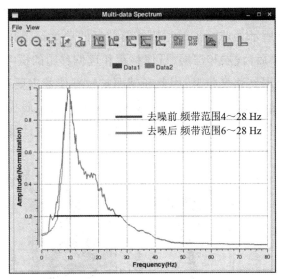

横坐标为频率,单位 Hz;纵坐标为振幅(归一化)。

图 4-4-57 去噪前后剖面目的层上的频谱对比

收因素(检波器耦合、近地表条件等)和传播因素(几何扩散、地层吸收、透射损失等)影响,如图 4-5-1 所示。振幅处理的主要目的是消除各种因素对一次反射波振幅的影响,使反射波振幅仅反映地下地层反射系数的变化。

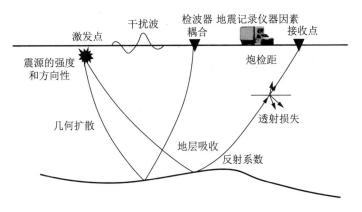

图 4-5-1 影响反射波振幅的主要因素示意图

4.5.1 球面扩散补偿

当地震波在地下介质中传播时,波前面随传播距离的增加而不断扩张。地震波激发产生的总能量是一定的,因此波前面单位面积的能量密度不断减小,地震波的振幅随传播距离的增大而不断减小,这种现象称为波前扩散(球面扩散)。

在振幅处理中,通常需要进行球面扩散振幅补偿来消除球面扩散的影响。球面扩散振幅补偿因子与传播距离有关,传播距离越大,球面扩散越严重,球面振幅补偿因子就越大。由于计算传播距离需要已知速度,所以需要通过速度分析获得速度,进而进行球面扩散振幅补偿。图4-5-2所示为球面扩散振幅补偿前后的单炮记录和振幅曲线。由图可以看出,球面扩散振幅补偿后,浅层和深层、近偏移距和远偏移距的振幅差异被很好地补偿。

球面扩散补偿需要用到速度信息,因此在球面扩散补偿前需要进行一次速度分析,此时确定一个CMP点的速度即可,在此处可直接使用4.4.1节中质控剖面拾取的速度。后续进行精细速度分析(对多个CMP点进行速度分析)后,重新对地震数据进行球面扩散补偿,速度的变化对补偿的影响并不大。

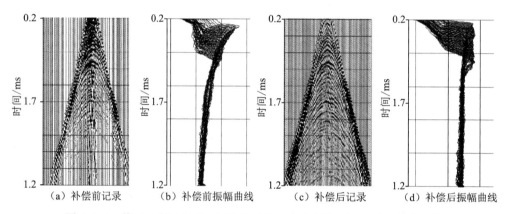

（a）补偿前记录　　（b）补偿前振幅曲线　　（c）补偿后记录　　（d）补偿后振幅曲线

图4-5-2　某区二维测线球面扩散补偿前后的单炮记录和振幅曲线对比图

球面扩散补偿的具体操作如下:在流程搭建界面中,用鼠标依次左击"Add New Flow"→"Amplitude Processing"→"AmpCompenst",完成球面扩散补偿模块的初始化。将"GeoDiskIn"模块中的输入数据选定为异常振幅衰减作业的输出数据,如图4-5-3所示。

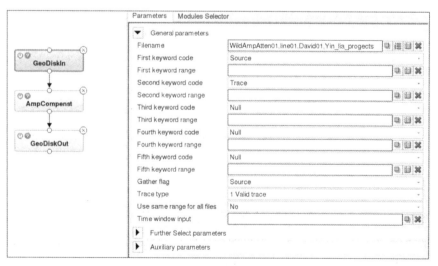

图4-5-3　球面扩散补偿作业的数据输入

选中第1次拾取的速度文件,填写所拾取的CMP号,其余参数缺省,如图4-5-4所示。自定义球面扩散补偿后的地震数据名称,如图4-5-5所示。

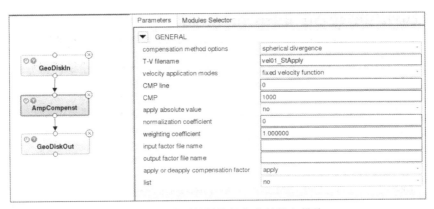

图 4-5-4　球面扩散补偿作业的核心模块

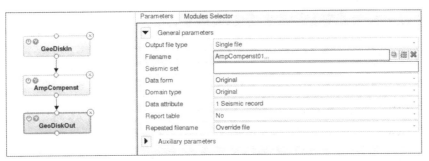

图 4-5-5　球面扩散补偿作业的数据输出

　　完成上述作业即完成地震数据的球面扩散补偿,可以通过对比球面扩散补偿前后的单炮记录、叠加剖面和振幅曲线图进行质控。球面扩散补偿前后的单炮记录和叠加剖面对比如图 4-5-6 和图 4-5-7 所示,具体操作方法已在之前章节中详细介绍过。

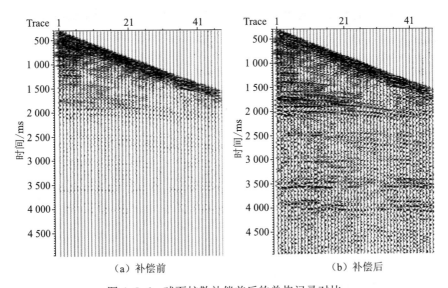

（a）补偿前　　　　　　　　　　　　（b）补偿后

图 4-5-6　球面扩散补偿前后的单炮记录对比

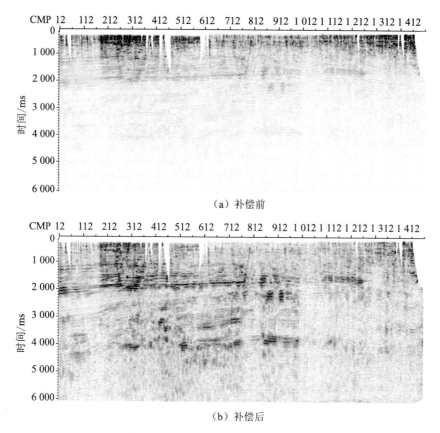

（a）补偿前

（b）补偿后

图 4-5-7　球面扩散补偿前后的叠加剖面对比

制作振幅曲线图的具体操作如下：在流程搭建界面中，用鼠标依次左击"Add New Flow"→"Amplitude Processing"→"AmpAna"，完成振幅分析模块的初始化。将"GeoDiskIn"模块中的输入数据选定为异常振幅衰减作业的输出数据，并删除"GeoDiskOut"模块，如图 4-5-8 所示。

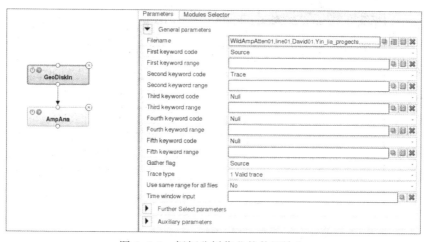

图 4-5-8　振幅分析作业的数据输入

在"AmpAna"模块中,主要参数缺省即可,如图 4-5-9 所示。

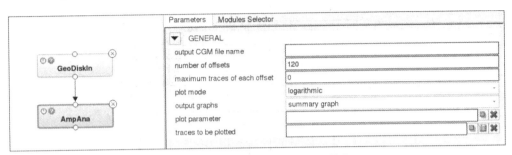

图 4-5-9　振幅分析作业的核心模块

作业运行完成后,进入"Monitor"查看作业运行状态(图 4-5-10),用鼠标右击作业所在行→"View CGM",选中文件并打开后,即可得到振幅曲线图,如图 4-5-11 所示。

图 4-5-10　作业运行状态界面

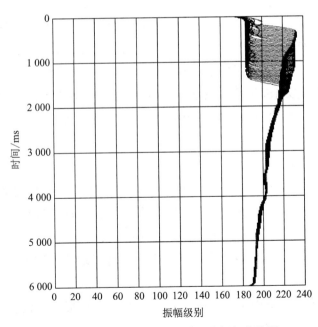

图 4-5-11　球面扩散补偿前的振幅曲线图

同理,用类似的操作可以得到球面扩散补偿后的振幅曲线图,如图 4-5-12 所示。

通过对比分析球面扩散补偿前后的单炮记录、叠加剖面和振幅曲线可以看出,地震数据的深层能量得到了较好的恢复,且纵向能量趋于一致。

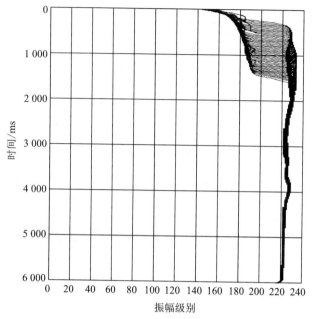

图 4-5-12 球面扩散补偿后的振幅曲线图

4.5.2 地表一致性振幅补偿

地表一致性振幅补偿的目的是消除由激发条件、接收条件不同而带来的振幅差异。对地表一致性一般做如下假设:激发点和接收点的振幅影响因子仅与其位置有关,不随时间变化,对整道来说是一个常数,激发点振幅影响因子反映震源强度、表层衰减等因素的影响程度,接收点振幅影响因子反映表层衰减、检波器耦合等因素的影响程度。因此,某一激发点对该激发点道集内各道振幅的影响一致,某一接收点对该接收点道集内各道振幅的影响也一致,即同一激发点的所有道具有该激发点的影响因子,同一接收点的所有道具有该接收点的影响因子。

地表一致性振幅补偿一般通过 3 个步骤实现:首先对反射波振幅进行分析,计算各道的反射波振幅,选择反射波比较强、干扰波比较弱的地震记录(通过给定时间和炮检距范围来选取)来计算反射波振幅;然后对反射波振幅进行分解,得到激发点、接收点的影响,计算相应的振幅影响因子;最后将影响因子应用于单炮记录的各道中,消除激发点、接收点对反射波的影响差异。

图 4-5-13 所示为某区球面扩散振幅补偿和地表一致性振幅补偿前后的炮集记录对比。由图可以看出,振幅补偿前,浅、中、深层反射波振幅差异大,不同单炮之间振幅差异大;球面扩散振幅补偿和地表一致性振幅补偿后,浅、中、深层反射波振幅差异减小,不同单炮间的振幅基本一致。

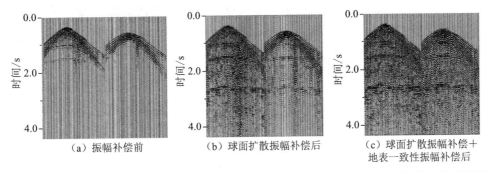

（a）振幅补偿前　　　　　（b）球面扩散振幅补偿后　　　（c）球面扩散振幅补偿＋
　　　　　　　　　　　　　　　　　　　　　　　　　　　　　　地表一致性振幅补偿后

图 4-5-13　某区地震资料振幅补偿前、球面扩散振幅补偿后、球面扩散振幅补偿＋地表一致性振幅补偿
后的炮集记录对比图

　　下面介绍具体操作，将地表一致性振幅补偿分为 3 个步骤：① 地表一致性振幅分析（SCAmpAna）；② 地表一致性振幅分解（SCAmpDecom）；③ 地表一致性振幅应用（SCAmpApp）。

1）地表一致性振幅分析（SCAmpAna）

　　在流程搭建界面中，用鼠标依次左击"Add New Flow"→"Amplitude Processing"→"SCAmpAna"，完成地表一致性振幅分析模块的初始化。将"GeoDiskIn"模块中的输入数据选定为球面扩散补偿作业的输出数据，由于该作业会生成一个振幅谱文件，因此将"GeoDiskOut"模块删除，如图 4-5-14 所示。

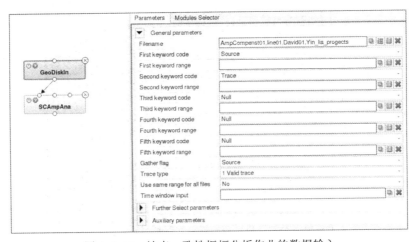

图 4-5-14　地表一致性振幅分析作业的数据输入

　　在"SCAmpAna"模块中，需要输入进行地表一致性振幅分析的时窗，因此先打开地震数据显示界面，选取反射波信号最强的时窗。打开球面扩散补偿后的地震数据进行分析，在"Select Seismics Index"界面中将第 2 关键字选定为"Offset"，如图 4-5-15 所示。

　　将地震数据调整至合适的显示比例，观察反射信号双曲特征明显的区域，并将该区域确定为地表一致性振幅分析的时窗。以本实习书所用数据为例，直角梯形所划定的范围即反射波振幅强的区域，将其作为分析时窗，如图 4-5-16 所示。

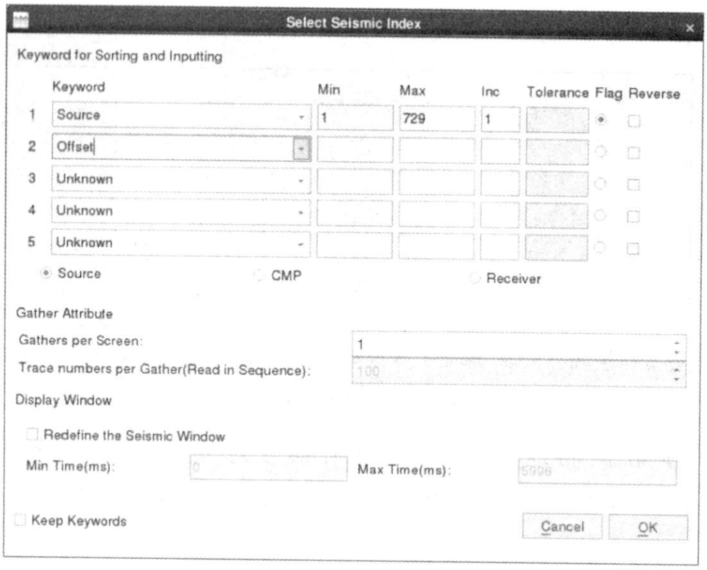

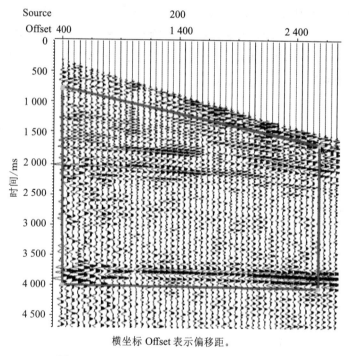

图 4-5-15 选择地震数据显示的关键字排序

横坐标 Offset 表示偏移距。

图 4-5-16 单炮记录上反射波振幅强的区域

在"SCAmpAna"模块中,输入分析时窗,其中"spatila point"表示用相同的数字控制同一个时窗,"offset(m)""start time(ms)""end time(ms)"分别表示自划时窗内各顶点的数值(如图 4-5-16 的直角梯形),这些数值组合起来即可确定一个闭合时窗,然后填写输出振幅谱的文件名,如图 4-5-17 所示。

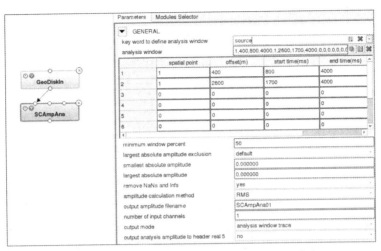

图 4-5-17　地表一致性振幅分析作业的核心模块

2）地表一致性振幅分解（SCAmpDecom）

在流程搭建界面中，用鼠标依次左击"Add New Flow"→"Amplitude Processing"→ "ScAmpDecom"，由于"ScAmpDecom"模块的功能是输入振幅谱文件，分解得到振幅补偿因子文件，因此删除"GeoDiskIn"和"GeoDiskOut"模块。选取上一步生成的振幅谱文件，自定义输出的振幅补偿因子文件名。地表一致性振幅补偿因子可分解为炮点、检波点、偏移距和 CMP 面元 4 个相关项，将第 3 分解项（偏移距）和第 4 分解项（CMP 面元）分别选定为"offset"和"bin"，并填写最大炮点数、最大检波点数等参数，如图 4-5-18 所示。

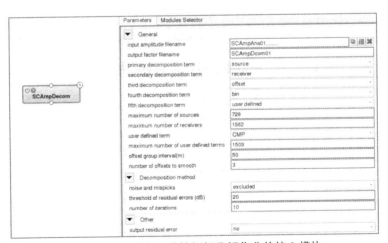

图 4-5-18　地表一致性振幅分解作业的核心模块

3）地表一致性振幅应用（SCAmpApp）

在流程搭建界面中，用鼠标依次左击"Add New Flow"→"Amplitude Processing"→ "SCAmpApp"，将"GeoDiskIn"模块中的输入数据选定为球面扩散补偿作业的输出数据，如图 4-5-19 所示。

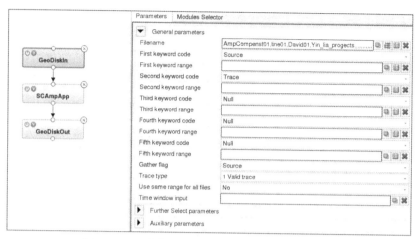

图 4-5-19　地表一致性振幅应用作业的数据输入

在"SCAmpApp"模块中,选中上一步生成的振幅补偿因子文件,如图 4-5-20 所示。

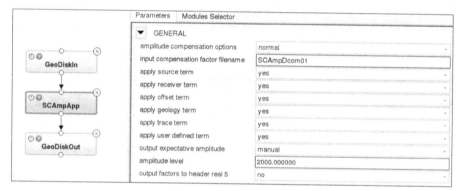

图 4-5-20　地表一致性振幅应用作业的核心模块

自定义地表一致性振幅补偿后的地震数据名称,如图 4-5-21 所示。

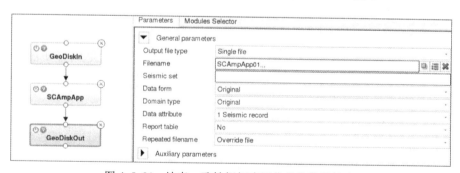

图 4-5-21　地表一致性振幅应用作业的数据输出

完成上述作业后,首先可以通过对比地表一致性振幅补偿前后的单炮记录和叠加剖面,进行质控分析。需要注意的是,地表一致性补偿前后的单炮记录振幅级别差异较大,在"Seismic View"界面中无法同时展示,需要分开展示(此处的地表一致性振幅补偿作业会增大单炮记录的振幅级别)。地表一致性振幅补偿前后的单炮记录如图 4-5-22 所示,通过对比可以看出,炮点间的横向一致性在补偿后变好。

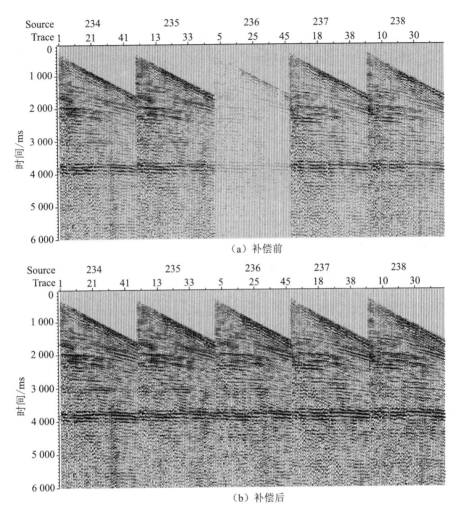

图 4-5-22　地表一致性振幅补偿前后的单炮记录对比

地表一致性振幅补偿前后的叠加剖面分别如图 4-5-23 所示,通过对比可以看出,地表一致性补偿后同相轴连续性更好,地震剖面的横向能量更趋于一致。

通过制作能量平面图来完成振幅补偿的质控,能量平面图生成的具体操作参照 4.1.6 节 "能量分析",此处不再赘述。振幅补偿前后的能量平面图如图 4-5-24 所示,通过振幅补偿前后的能量平面图对比,可以看出资料的能量得到了显著的提升,同时不同炮点间的能量也趋于一致。

经过球面扩散和地表一致性振幅补偿后,单炮记录可能会产生新的异常振幅噪声。在 "Seismic View" 界面中查看地表一致性振幅补偿后的地震数据,若存在异常振幅,可以将之前的异常振幅衰减流程复制并粘贴到流程搭建界面底部,如图 4-5-25 所示。将 "GeoDiskIn" 模块中的输入数据选定为地表一致性振幅补偿作业的输出数据,如图 4-5-26 所示。

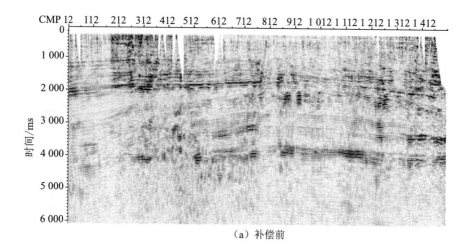

（a）补偿前

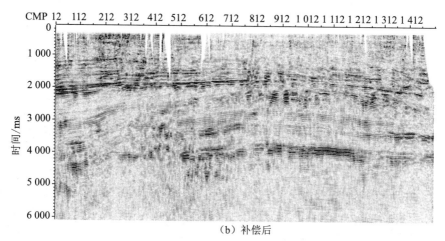

（b）补偿后

图 4-5-23　地表一致性振幅补偿前后的叠加剖面对比

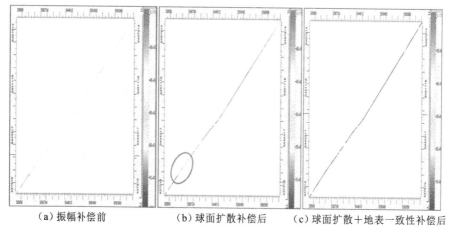

（a）振幅补偿前　　　　　（b）球面扩散补偿后　　　（c）球面扩散＋地表一致性补偿后

图 4-5-24　振幅补偿前、球面扩散补偿后和球面扩散＋地表一致性补偿后的能量平面图

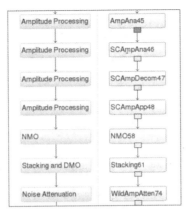

图 4-5-25　将之前异常振幅衰减流程复制粘贴到底部

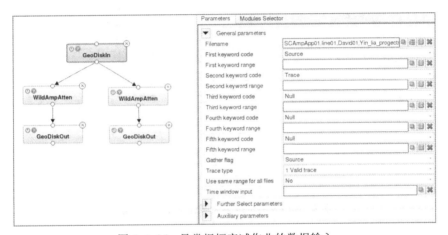

图 4-5-26　异常振幅衰减作业的数据输入

填写时间门槛参数值（通过实验查看效果），输出类型选定为去噪后数据，如图 4-5-27 所示。

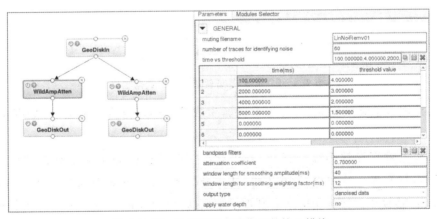

图 4-5-27　异常振幅衰减作业的核心模块

自定义异常振幅衰减后的地震数据名称，如图 4-5-28 所示。

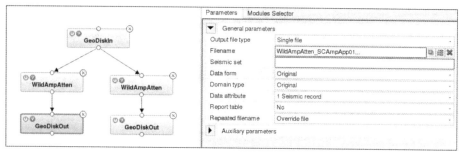

图 4-5-28 异常振幅衰减作业的数据输出

同时,将噪声同时输出,输出类型选定为噪声,如图 4-5-29 和图 4-5-30 所示。

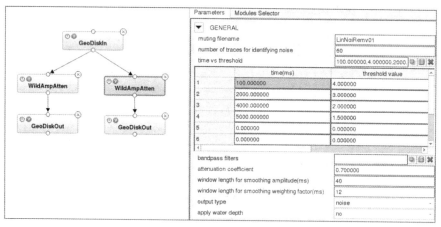

图 4-5-29 异常振幅衰减作业的核心模块

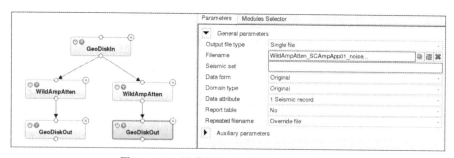

图 4-5-30 异常振幅衰减作业的数据输出

完成异常振幅衰减作业后,可以看到新生成的噪声已得到有效去除,如图 4-5-31 所示。

在炮域上进行异常振幅衰减后,若仍存在部分残留的异常振幅噪声,可在 CMP 域或共检波点域再做一次异常振幅衰减,具体操作类似,在此不再赘述。需要注意的是,"GeoDiskIn"模块中应选择相应地震数据类型的域,"WildAmpAtten"模块要选择相应地震数据类型所在域的切除文件。此处在 CMP 域再做一次异常振幅衰减,可以看到异常振幅得到进一步去除,如图 4-5-32 所示。

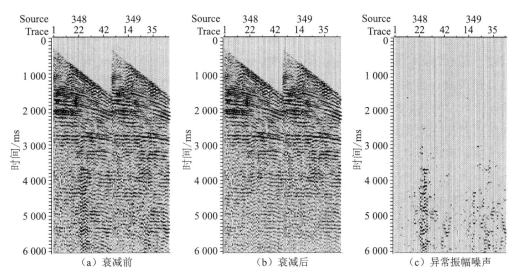

图 4-5-31 异常振幅衰减前后、异常振幅噪声的单炮记录对比

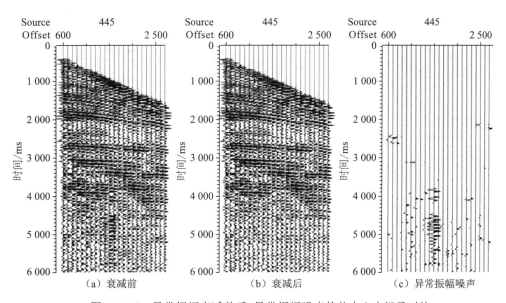

图 4-5-32 异常振幅衰减前后、异常振幅噪声的共中心点记录对比

4.6 子波一致性处理及质控

反褶积是地震数据处理中一个基本环节。反褶积的基本作用是压缩地震记录中的地震子波,同时压制鸣震和多次波,因此反褶积可以明显提高地震的垂直分辨率。反褶积通常用于叠前地震数据处理,也可用于叠后地震数据处理。在实际地震资料处理中,通常需要进行地表一致性和预测反褶积。目前反褶积方法通常假设子波为最小相位,由于可控震源地震记录的子波为零相位,因此在对该记录进行反褶积处理前,需要将子波的相位由

零相位转换为最小相位。

进行反褶积效果评价时,一般在时间域分析波形特征,在频率域分析振幅谱特征。时间域波形越瘦、频率域主频越高和频带越宽,说明分辨率越高。同时,还可以利用地震记录的自相关来评价反褶积效果,这是因为地震记录的自相关可近似表示子波的自相关。图 4-6-1 所示为某区反褶积之前、地表一致性反褶积后、地表一致性+预测反褶积后 CMP 叠加剖面对比。由图可以看出,地表一致性反褶积后波形变瘦,分辨率有所提高;在此基础上再进行预测反褶积,分辨率得到进一步提高。图 4-6-2 所示为某区反褶积前后的炮集自相关对比。由图可以看出,反褶积前不同炮集之间自相关函数差异大,说明子波的一致性不好;经过地表一致性反褶积后,自相关函数横向一致性变好且子波得到一定程度的压缩,说明子波的一致性变好且分辨率得到提高;在此基础上再进行预测反褶积,自相关函数主瓣外的旁瓣得到进一步压缩,分辨率得到进一步提高。

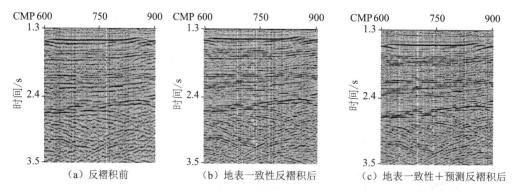

图 4-6-1　反褶积前、地表一致性反褶积后、地表一致性+预测反褶积后 CMP 叠加剖面对比

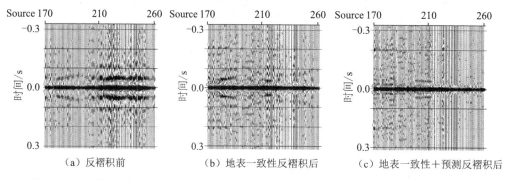

图 4-6-2　反褶积前、地表一致性反褶积后、地表一致性+预测反褶积后炮集自相关对比

4.6.1　地表一致性反褶积

地表一致性反褶积主要消除由激发、接收等因素引起的地震子波的差异,使子波变得一致,同时适当提高分辨率。通常假设影响地震子波的因素为炮点、检波点、共中心点(CMP)和炮检距,每一项对子波的影响可以看成一个线性时不变系统(褶积关系)。地表

一致性反褶积一般通过 3 个步骤来实现：首先计算反射波振幅谱，选择信噪比较高的地震记录（通过给定时间和炮检距范围来控制）进行计算，为便于后面的谱分解，一般计算出对数谱（振幅谱取对数）；然后对该谱进行分解，得到激发点、接收点的影响，计算出相应的反褶积因子；最后将反褶积因子用于单炮记录各道中，消除激发点、接收点差异对反射波波形和振幅的影响，提高地震子波的一致性和地震资料的分辨率。

地表一致性反褶积的具体操作分为 3 步：① 对数谱计算（LogSpectrum）；② 三维地表一致性谱分解（SCSpecDecom3D）；③ 三维地表一致性反褶积应用（SCSpecDecon3D）。

1）对数谱计算（LogSpectrum）

在流程搭建界面中，用鼠标依次左击"Add New Flow"→"Wavelet and Deconvolution"→"LogSpectrum"，将"GeoDiskIn"模块中的输入数据选定为地表一致性振幅补偿去噪后的输出数据。对数谱计算会输出一个数据表，因此将"GeoDiskOut"模块删除，如图 4-6-3 所示。

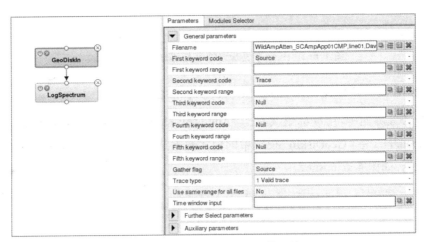

图 4-6-3　对数谱计算作业的数据输入

输入分析时窗（即反射波同相轴明显的区域，可使用地表一致性振幅补偿的第 1 步分析时窗或在"Seismic View"界面中查看地震数据）、自相关长度，选择谱类型为复赛谱（通常的三维地表一致性反褶积方法是在对数谱域进行谱分解的，该 GeoEast 系统模块提出在复赛谱域分解，其结果优于对数谱分解），输入复赛谱长度（建议长度要大于计算反褶积的算子长度或自相关长度），自定义输出的复赛谱数据表名，如图 4-6-4 所示。

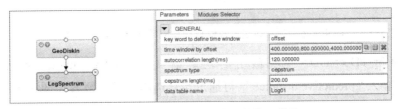

图 4-6-4　对数谱计算作业的核心模块

2）三维地表一致性谱分解（SCSpecDecom3D）

在流程搭建界面中，用鼠标依次左击"Add New Flow"→"Wavlet and Deconvolution"→"SCSpecDecom3D"。由于输入数据为复赛谱数据表，分解后输出谱文件，所以仅保留"SCSpecDecom3D"模块。选取复赛谱数据表，自定义输出谱文件名，填写炮点数和检波点数；将谱分解的第3分量选定为"CMP bin"，并填入 CMP 数；"number of traces per source"表示每炮道数，用于分配内存，实际每炮道数较少时可以调小该参数，如图 4-6-5 所示。

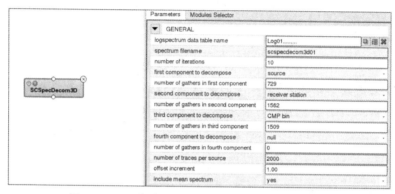

图 4-6-5　三维地表一致性谱分解作业的核心模块

3）三维地表一致性反褶积应用（SCSpecDecon3D）

在流程搭建界面中，用鼠标依次左击"Add New Flow"→"Wavlet and Deconvolution"→"SCSpecDecon3D"，将"GeoDiskIn"模块中的输入数据选定为地表一致性振幅补偿作业去噪后的输出数据，如图 4-6-6 所示。

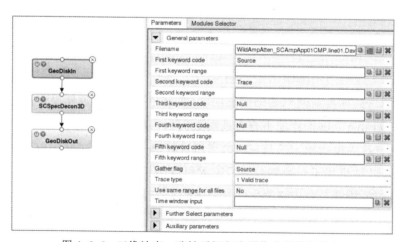

图 4-6-6　三维地表一致性反褶积应用作业的数据输入

选取"SCSpecDecon3D"模块输出的功率谱文件，将"deconvolution type"选定为"prediction"，输入"predictive distance"（可通过实验选出最优参数），如图 4-6-7 所示。

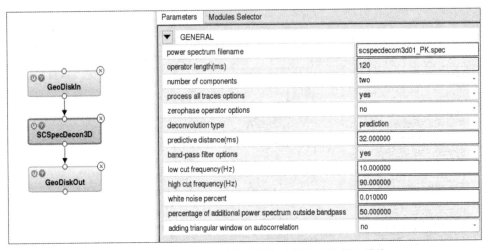

图 4-6-7　三维地表一致性反褶积应用作业的核心模块

自定义三维地表一致性反褶积后的地震数据名称，如图 4-6-8 所示。

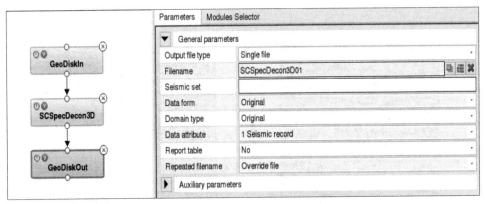

图 4-6-8　三维地表一致性反褶积应用作业的数据输出

　　完成上述作业后，首先可以通过对比地表一致性反褶积前后的单炮记录和频谱分析进行质控。地表一致性反褶积前后单炮记录对比和频谱分析如图 4-6-9 所示。由图可以看出，地表一致性反褶积后消除了激发、接收等因素引起的地震记录子波间的差距，使子波变得一致，同时拓宽了频带，提高了分辨率。

　　接下来通过对比地表一致性反褶积前后的叠加剖面进行质控，如图 4-6-10 所示。由图可以看出，经过地表一致性反褶积处理后，分辨率得到提高，剖面中细节更丰富。

　　最后制作子波自相关图对地表一致性反褶积前后的效果进行质控。具体操作如下：在"Seismic View"界面中打开地震数据，勾选左下角的"Correlation Analysis"，用鼠标左击右上方工具栏的"Pick rectangle window"（划定时窗），然后点击"Auto correlation"，如图 4-6-11 所示。在出现的"Dialog"界面中，勾选"Average in Gather"，输入起始炮号和最大炮号，再点击"OK"即可得到炮集的子波自相关图，如图 4-6-12 所示。调整适当的显示比例，地表一致性反褶积前的子波自相关图如图 4-6-13 所示。

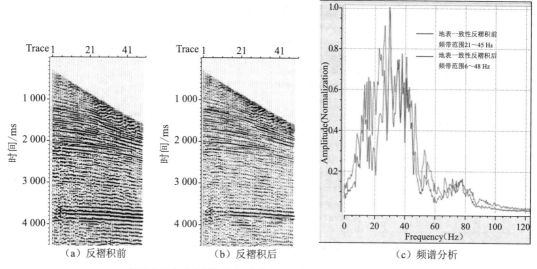

频谱分析的横坐标为频率,单位为 Hz;纵坐标为振幅(归一化)。

图 4-6-9　地表一致性反褶积前后的单炮记录对比和频谱分析

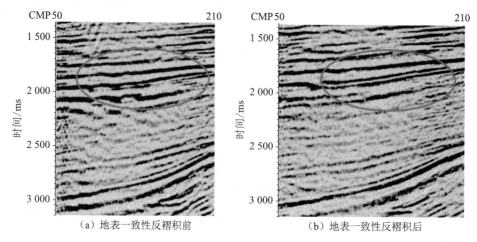

（a）地表一致性反褶积前　　　　　　　　（b）地表一致性反褶积后

图 4-6-10　地表一致性反褶积前后的叠加剖面对比

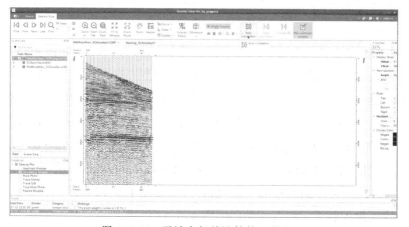

图 4-6-11　子波自相关计算的工具入口

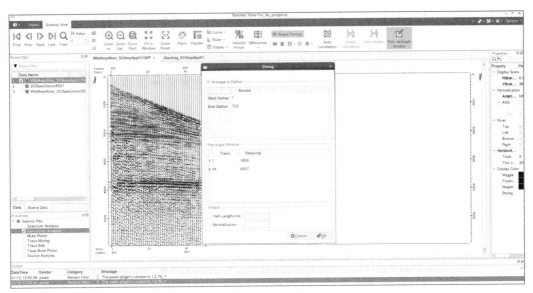

图 4-6-12　子波自相关计算对话框

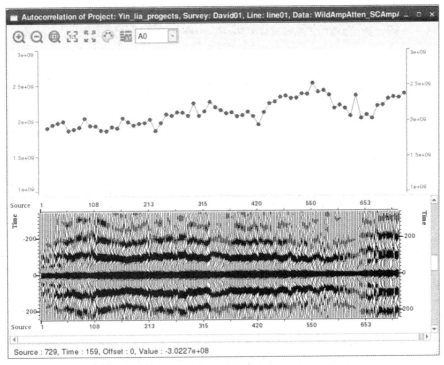

图 4-6-13　地表一致性反褶积前的子波自相关图

采用类似的操作可以得到地表一致性反褶积后的子波自相关图,如图 4-6-14 所示。从子波一致性自相关图可以看出,地表一致性反褶积后子波一致性得到增强。

地表一致性反褶积后的单炮记录上如果出现较明显的异常噪声,则可以进行进一步异常振幅衰减。复制之前的异常振幅衰减流程,粘贴到流程搭建界面底部(具体操作流程可参考之前内容,即若处理流程中出现明显的异常振幅,则可串联异常振幅衰减作业进行去除),调整适合的时间门槛值参数,如图 4-6-15 所示。

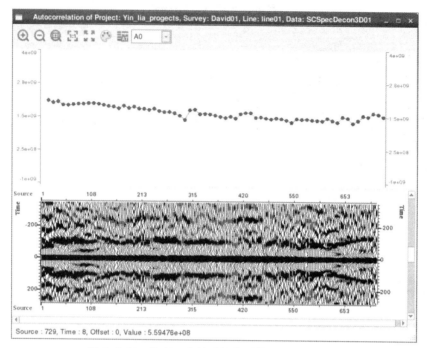

图 4-6-14　地表一致性反褶积后的子波自相关图

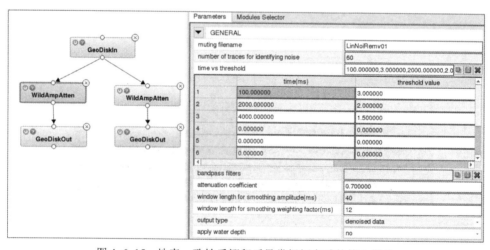

图 4-6-15　地表一致性反褶积后异常振幅衰减的核心模块

地表一致性反褶积后的地震数据经过异常振幅衰减后,异常振幅得到有效去除,反射波同相轴更加清晰可见,如图 4-6-16 所示。

若想实验不同参数对地表一致性反褶积后的效果,可以用鼠标右击作业模块,选择"Clone Jobs",修改想要调整的参数进行实验,如图 4-6-17 和图 4-6-18 所示。

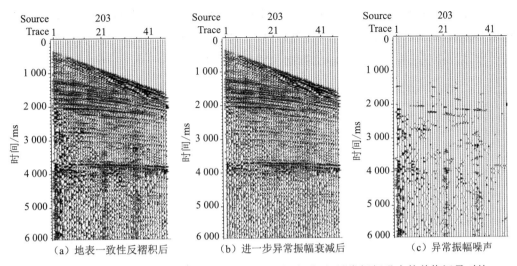

图 4-6-16　地表一致性反褶积后、进一步异常振幅衰减后、异常振幅噪声的单炮记录对比

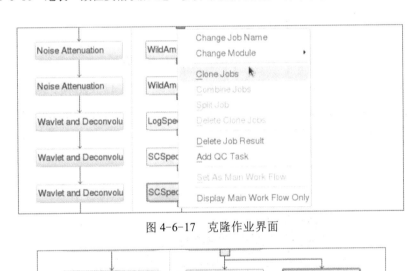

图 4-6-17　克隆作业界面

图 4-6-18　克隆生成的作业

4.6.2　预测反褶积

预测反褶积通过压缩子波长度来提高分辨率。由于地层的吸收衰减作用,导致子波在浅层主频高、长度小,深层主频低、长度大,为更好地提高分辨率,需要针对不同长度子波计算出不同的反褶积因子。一般分成浅、中、深 3 个时窗来计算反褶积因子。影响预测反褶积效果的主要参数为时窗范围、预测步长和白噪系数等。时窗范围内应主要包含反射波;预测步长越小,对子波的压缩效果越好,通常浅层预测步长小,深层预测步长大;白噪系数用于控制反褶积的稳定性,通常浅层白噪系数小,深层白噪系数大。一般通过反褶积处理参数实验来优选预测步长和白噪系数。

在流程搭建界面中,用鼠标依次左击"Add New Flow"→"Wavlet and Deconvolution"→"PredictDecon",完成预测反褶积模块的初始化。将"GeoDiskIn"模块中的输入数据选定为地表一致性反褶积去噪后作业的输出数据,如图 4-6-19 所示。

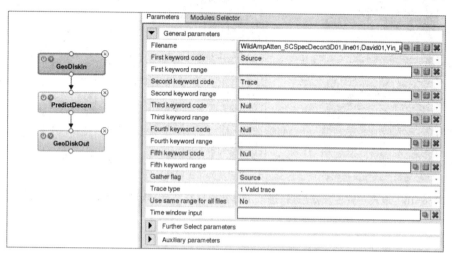

图 4-6-19 预测反褶积作业的数据输入

依据反射波特点将单炮记录划分为浅、中、深时窗,如图 4-6-20 所示。将时窗参数填入模块,并根据不同的时窗给定合适的预测步长和白噪系数,此处"Operator length（ms）"(算子长度)设置为 120 ms,如图 4-6-21 所示。

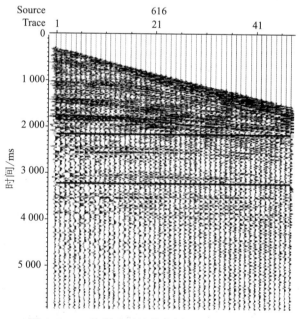

图 4-6-20 依据反射波特点划分浅、中、深时窗

自定义预测反褶积后的地震数据名称,如图 4-6-22 所示。

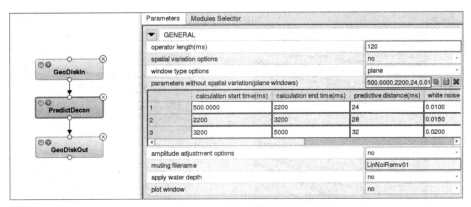

图 4-6-21　预测反褶积作业的核心模块

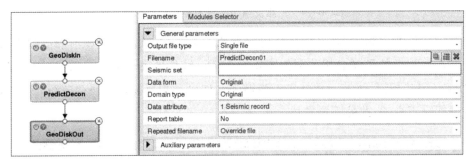

图 4-6-22　预测反褶积作业的数据输出

完成上述作业后,可以通过对比预测反褶积前后的单炮记录和频谱分析进行质控。预测反褶积前后单炮记录对比和频谱分析如图 4-6-23 所示,由图可以看出,预测反褶积后的反射波同相轴变细,频带范围得到进一步拓宽。

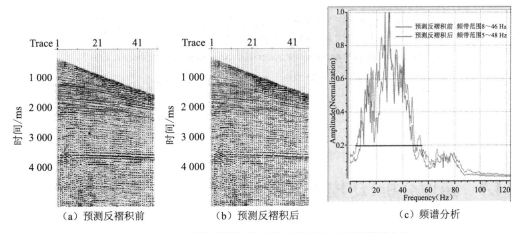

（a）预测反褶积前　　　　（b）预测反褶积后　　　　（c）频谱分析

图 4-6-23　预测反褶积前后的单炮记录对比和频谱分析

接下来通过对比预测反褶积前后的叠加剖面进行质控,如图 4-6-24 所示。由图可以看出,经过预测反褶积处理后,剖面波组特征更好,分辨率得到提高。

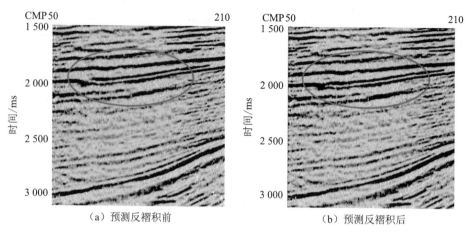

（a）预测反褶积前   （b）预测反褶积后

图 4-6-24   预测反褶积前后的叠加剖面对比

最后制作子波自相关图（具体操作可参考 4.6.1 节）对预测反褶积前后的效果进行质控。预测反褶积后的子波自相关图如图 4-6-25 所示，与地表一致性反褶积后的子波自相关图（图 4-6-14）相比，子波一致性进一步增强。如果预测反褶积后还存在明显噪声，可以进一步进行噪声衰减，此处不再赘述。

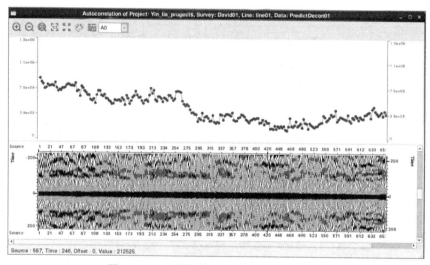

图 4-6-25   预测反褶积后的子波自相关图

4.7 速度分析、动校正及叠加

通常假设 CMP 道集上反射波时距曲线为双曲线，并用双曲线时距方程进行描述，该方程中的速度称为动校正速度或叠加速度。利用不同速度对 CMP 道集进行动校正，由此得到不同的动校正效果，从这个意义上将该速度称为动校正速度，而将反射波同相轴校平的速度称为准确的动校正速度。利用不同的速度对 CMP 道集进行动校正之后再叠加，得到的叠加效果不同,从这个意义上将该速度称为叠加速度,而将反射波同相轴校平后再进行叠加,能够得到最好的叠加效果,此时的速度即准确的叠加速度。一般认为,动校正速度和叠加速度是等价的。速度分析的目的是获得一次反射波的叠加速度,该速度将应用于后续的动校正。常规叠加速度分析方法包括相关方法和叠加方法。

动校正的目的是将记录的反射波时间校正到炮检中心点的 t_0 时间。当通过速度谱解释得到的叠加速度较为准确时,对 CMP 道集进行动校正后,反射波同相轴应该被校平。动校正存在拉伸现象,拉伸一般随炮检距的增大而增大,随着 t_0 时间的增大而减小。动校正拉伸会导致反射波主频降低、叠加效果变差,因此需要对拉伸严重的动校正数据进行切除(即充零)。拉伸切除包括自动切除和手工切除。自动切除需要设置最大允许动校正拉伸率,超过该拉伸率的动校正数据会被切除,其余的数据则保留;手工切除需要在动校正道集上拾取切除线,然后根据拾取的切除线进行拉伸切除,一般每隔几十个 CMP 点拾取一个切除线,未拾取切除线的 CMP 点位置通过横向插值得到切除线。图 4-7-1 所示为原始 CMP 道集、动校正后 CMP 道集,(a)中两条双曲线和图(b)中两条水平直线为两个反射波同相轴动校正前后的对比,由图可以看出,叠加速度较准确,CMP 道集内反射波同相轴被较好地校平。4-7-1(b)中斜线以外区域为动校正拉伸切除区,该区域的动校正拉伸现象较为严重,将这个区域的数据充零,即有效切除了动校正拉伸,为后续水平叠加奠定良好的数据基础。

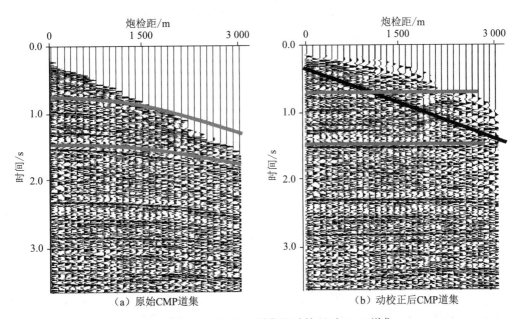

（a）原始CMP道集　　　　　　　　　　　（b）动校正后CMP道集

图 4-7-1　原始 CMP 道集和动校正后 CMP 道集

将 CMP 道集进行动校正后再进行水平叠加(计算均值),从而得到叠加道。叠加的目的是压制多次波、随机干扰等干扰波,从而提高信噪比(实际上是将不同检波器接收到的来自地下同一反射点的不同激发点的信号经动校正后叠加起来,使一次反射波加强,而多次反射波和其他类型的干扰波相对削弱)。若 CMP 道集内的道数为 N,则覆盖次数为 N,

假设道集中仅包含一次反射波和随机噪声,则经过叠加后信噪比提高 N 倍。图 4-7-2 所示为单次覆盖和 30 次覆盖叠加剖面对比,可见后者的信噪比明显高于前者。

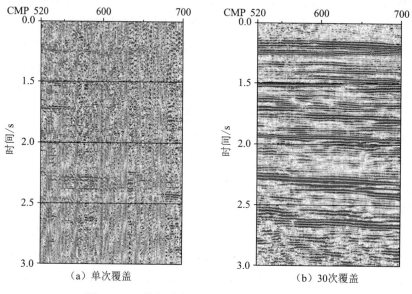

图 4-7-2　单次覆盖和 30 次覆盖的叠加剖面对比

先前的去面波后的叠加剖面质控(参考 4.4.1 节),以及后续的其他叠加剖面质控,已经完整地介绍了速度分析、动校正和叠加的操作流程,读者也可以进行回顾。

4.7.1　速度分析

1)叠加速度谱的制作

在进行叠加速度分析时,首先需要生成速度谱,然后对它进行人工交互解释,得到叠加速度。由于人工交互解释比较费时,所以并不在每个 CMP 点位置都生成速度谱,一般间隔几十个 CMP 点生成一个速度谱,对解释的若干个 CMP 点叠加速度进行纵向、横向插值,得到各个 CMP 点内各个 t_0 时间的叠加速度。为提高叠加速度谱质量,一般选择速度分析点相邻几个 CMP 道集按炮检距求和后再制作叠加速度谱。

2)叠加速度谱解释的基本原则

在对速度谱进行解释时,尽量拾取速度分析测量因子值最大的位置。拾取的叠加速度能够使 CMP 道集上反射波同相轴的拉平程度最高。在速度横向变化小、地层倾角较小的工区,叠加速度一般随 t_0 的增大而增大,其中浅层增加快,深层增加慢。但是,对于速度横向变化大、地层倾角较大、构造复杂的工区,叠加速度可能会出现反转现象,即深层的叠加速度小于浅层的叠加速度。

3）速度谱加密和低信噪比资料速度谱的解释

在构造变化剧烈区，叠加速度横向变化比较大，为提高叠加速度的横向插值精度，需要对速度谱进行加密和解释。对于信噪比较低的地震资料，在 CMP 道集上可能看不到反射波同相轴，难以通过检查反射波同相轴是否校平来判断叠加速度的准确性，此时可通过查看速度扫描叠加剖面上反射波同相轴的强弱来判别叠加速度拾取的好坏。图 4-7-3 所示为用于速度解释的叠加速度谱、CMP 道集和速度扫描叠加剖面。

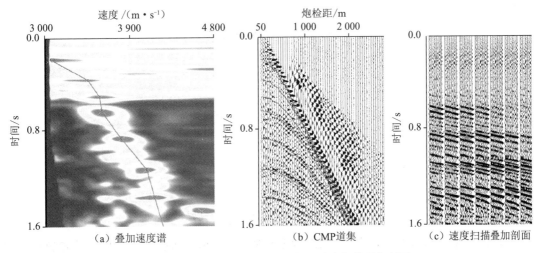

(a) 叠加速度谱　　　　　(b) CMP 道集　　　　　(c) 速度扫描叠加剖面

图 4-7-3　叠加速度谱、CMP 道集和速度扫描叠加剖面

在流程搭建界面中，用鼠标依次左击"Add New Flow"→"Velocity Analysis"→"VelAnaDefinition"，并在"VelAnaDefinition"模块后，依次串联"TVarFilt""AmpEqu""VelAnacorr"模块，将"VelAnaDefinition"模块中的输入数据选定为预测反褶积去噪作业后的输出数据，并填写起始 CMP 号等参数。此处以 CMP 号从 50 至 1 450 为例，每隔 50 个 CMP 点做一次速度分析，如图 4-7-4 所示。

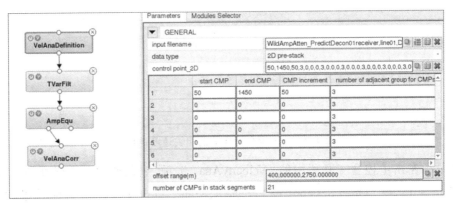

图 4-7-4　速度分析作业的数据输入

滤波器和振幅均衡模块的参数与初次速度分析作业中的相同，如图 4-7-5 和图 4-7-6

所示。

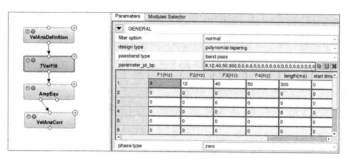

图 4-7-5　滤波器的设置

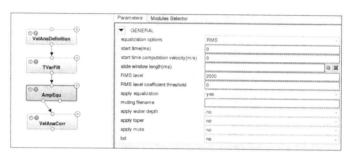

图 4-7-6　振幅均衡模块的设置

自定义输出的速度文件名,并选取顶部切除文件,相关速度谱计算模块的参数选取如图 4-7-7 所示。

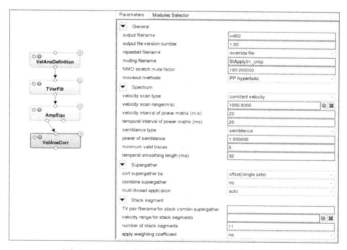

图 4-7-7　速度分析作业的相关速度谱计算

用鼠标左击主控台工具栏中的"VelocityAna"选项,进入速度分析交互界面,用鼠标依次左击"File"→"Open Session"→"create session",自定义 session 名称,如图 4-7-8 所示。选取最新生成的速度谱,最后用鼠标左击"OK",如图 4-7-9 所示,进入速度交互拾取界面,进行 CMP 点的速度拾取。

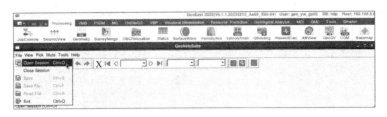

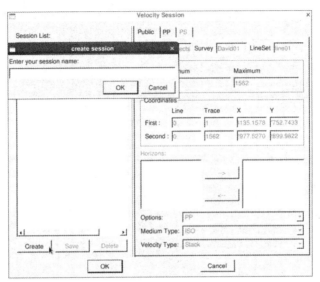

图 4-7-8　创建 session

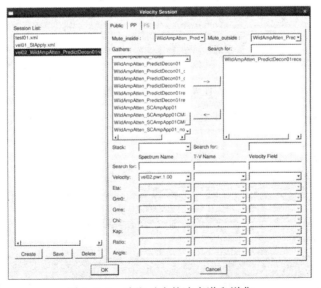

图 4-7-9　选取对应的速度谱和道集

根据叠加速度谱解释的基本原则,依次拾取每个 CMP 点上的能量团,并通过中间和右侧区域(中间区域反映 CMP 道集上同相轴是否被校平,右侧区域反映速度扫描叠加剖面反射波同相轴能量的强弱)的质控工具进行调整,如图 4-7-10 所示。用鼠标右击不同区域,可以通过面板调整大小、比例和显示方式等,如图 4-7-11 所示。

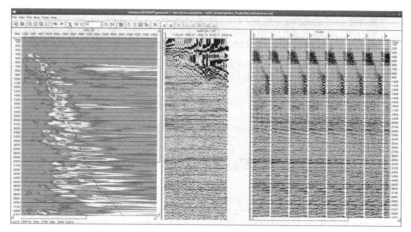

图 4-7-10　拾取能量团

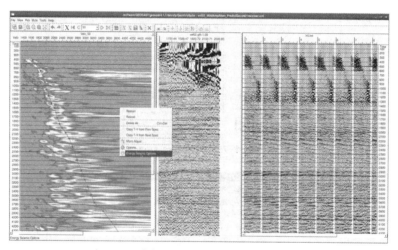

图 4-7-11　面板设置

拾取完所有 CMP 点的速度谱之后,自定义输出的速度名并保存,如图 4-7-12 所示。

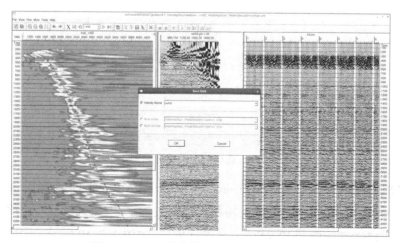

图 4-7-12　速度谱拾取后的速度文件输出

4.7.2　动校正

在流程搭建界面中,用鼠标依次左击"Add New Flow"→"NMO"→"NMO",将"GeoDiskIn"模块中的输入数据选定为预测反褶积去噪作业的输出数据,将"First keyword code""Second keyword code""Gather flag"分别选定为"CMP""Offset""CMP",如图4-7-13所示。

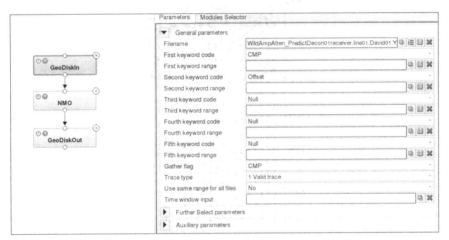

图 4-7-13　动校正作业的数据输入

选取最新拾取的速度文件,如图4-7-14所示。

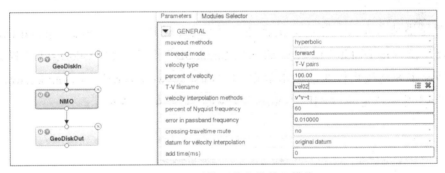

图 4-7-14　动校正作业的核心模块

自定义动校正后的地震数据名称,如图4-7-15所示。

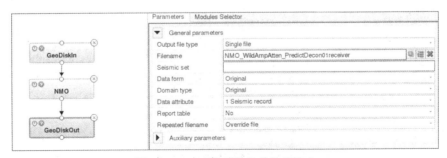

图 4-7-15　动校正作业的数据输出

打开动校正后的地震数据可以看出,反射波同相轴被校平,但是浅层存在较强拉伸,需要对动校正拉伸部分进行顶部切除。依次拾取切除点(近偏移距时,如"Offset"为0,切除点应选在波形上方,后续切除点逐渐向斜下方选取,否则后期的叠加剖面会缺失近偏移距的信息),并保存切除文件,如图4-7-16所示。

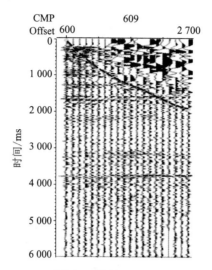

图4-7-16 动校正后的效果及拉伸切除线的拾取

4.7.3 叠 加

在流程搭建界面中,用鼠标依次左击"Add New Flow" → "Stacking and DMO" → "Stacking",在"GeoDiskIn"模块后插入"Muting 3D"模块。将"GeoDiskIn"模块中的输入数据选定为动校正作业的输出数据,将"First keyword code""Second keyword code""Gather flag"分别选定为"CMP""Offset""CMP",如图4-7-17所示。

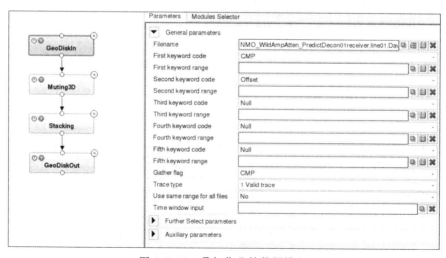

图4-7-17 叠加作业的数据输入

选取切除文件,如图 4-7-18 所示。

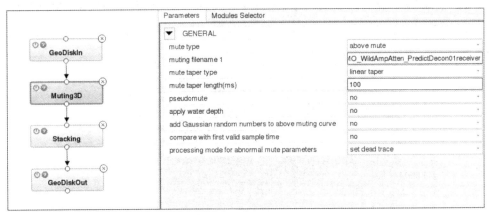

图 4-7-18　叠加作业的拉伸切除

叠加模块的参数缺省即可,如图 4-7-19 所示。

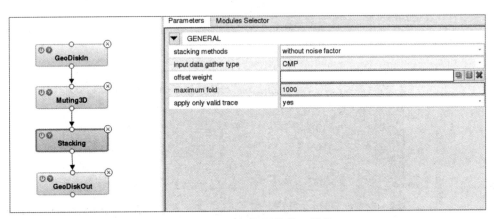

图 4-7-19　叠加作业的核心模块

自定义叠加后的地震剖面数据名称,如图 4-7-20 所示。

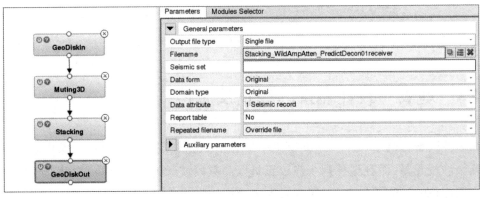

图 4-7-20　叠加作业的数据输出

生成的叠加剖面在 GeoEast 系统中以地震体的数据形式存在,使用主控工具栏中的

"SeismicView"将其打开,通过面板设置调节不同的显示方式,如图 4-7-21 为灰度显示,图 4-7-22 为 RMS 增益后的灰度显示,图 4-7-23 为 RMS 振幅增益后的变密度显示地震剖面。

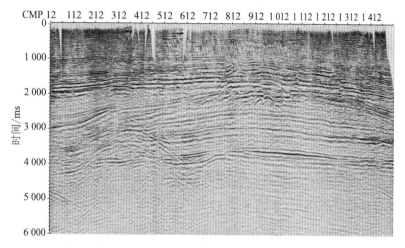

图 4-7-21　灰度显示地震剖面

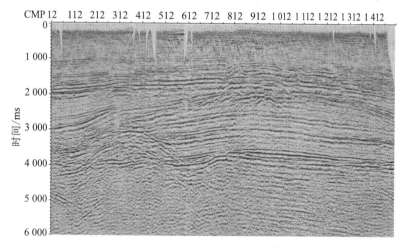

图 4-7-22　RMS 增益后的灰度显示地震剖面

4.8　地表一致性剩余静校正及质控

在多种因素影响下,一个 CMP 道集中的各个地震道经过之前静校正操作之后,仍然存在剩余静校正量,而且这种剩余静校正量以高频段波长的方式出现,影响 CMP 叠加的质量。因此,在 CMP 叠加之前,还要对剩余静校正量进行估算和校正,实现 CMP 道集的同相叠加。

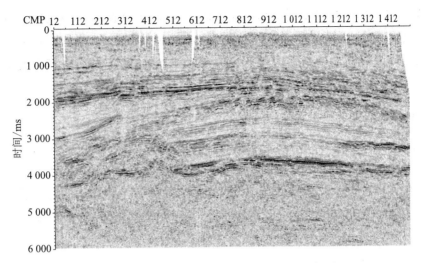

图 4-7-23　RMS 增益后的变密度显示地震剖面

4.8.1　地表一致性剩余静校正方法原理

1）剩余静校正的目的

进行基准面静校正时，需要根据近地表低速带速度计算静校正量。低速带速度一般通过对野外微测井（或小折射）获得的若干个位置的速度进行插值得到，或利用初至波旅行时反演得到。插值或反演得到的低速带速度均存在一定误差，特别是在低速带速度和厚度横向变化较大的地区，这个误差更大，使得计算得到的激发点和接收点的基准面静校正量存在正或负的误差，这个误差称为剩余静校正量，需要通过地表一致性剩余静校正来解决。

2）地表一致性剩余静校正模型

剩余静校正的关键在于计算激发点和接收点的剩余静校正量，一般采用地表一致性剩余静校正模型进行计算。该模型认为动校正道集上反射波同相轴不平，存在剩余时差，这主要与动校正速度是否准确，激发点项、接收点项及构造项引起的剩余时差有

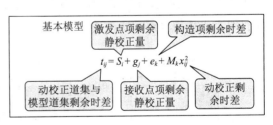

图 4-8-1　地表一致性剩余静校正模型

关，据此可以将剩余时差分解成激发点项剩余静校正量、接收点项剩余静校正量、构造项剩余时差和动校正剩余时差 4 项，如图 4-8-1 所示。根据此模型，利用剩余时差即可计算出激发点剩余静校正量、接收点剩余静校正量，然后进行地表一致性剩余静校正。

3）剩余时差的估算

计算剩余静校正量的关键之一在于计算剩余时差，剩余时差的计算精度直接影响剩余静校正的效果。计算剩余时差时首先要生成参考道（也称为模型道），一般将 CMP 道集

叠加道作为参考道。如果叠加道的信噪比较低,可以对叠加道进行去噪处理,以提高叠加道的质量。然后通过计算动校正道集上各道与参考道的互相关,根据互相关的极大值位置来确定剩余时差。为提高剩余时差的计算精度,需要选择信噪比高、反射波丰富的地震数据进行计算。

4)剩余静校正的 3 个步骤

根据上面的分析,剩余静校正主要包括 3 步:一是计算剩余时差,即利用参考道和动校正道集,通过互相关方法计算剩余时差;二是分解剩余时差,即根据地表一致性剩余静校正模型,利用剩余时差分解得到激发点和接收点剩余静校正量;三是应用剩余静校正量,即将激发点和接收点剩余静校正量应用于 CMP 道集中的各道,实现地表一致性剩余静校正。

5)剩余静校正的迭代过程

计算剩余静校正量需要利用动校正(NMO)道集,而生成动校正道集需要动校正速度,当存在剩余静校正量时,计算得到的动校正速度存在一定误差,即剩余静校正量与动校正速度之间会相互影响。为不断降低这一影响,需要将速度分析、动校正、叠加、计算剩余静校正量、剩余静校正构成一个迭代过程,一般迭代几次至剩余静校正量小于某个时间采样间隔即可。第 1 次计算得到的剩余静校正量会较大,以后每次迭代计算得到的剩余静校正量逐渐减小。

图 4-8-2~图 4-8-4 所示分别为地表一致性剩余静校正前、第 1 次和第 2 次地表一致性剩余静校正后的叠加速度谱、NMO 道集、叠加剖面图。由图可以看出,经过第 1 次剩余静校正后,叠加速度谱上能量团更加聚焦,NMO 道集上剩余时差减小,叠加剖面上的同相轴连续性明显变好、细节更为丰富;经过第 2 次剩余静校正后,叠加速度谱、NMO 道集和叠加剖面质量得到进一步改善。

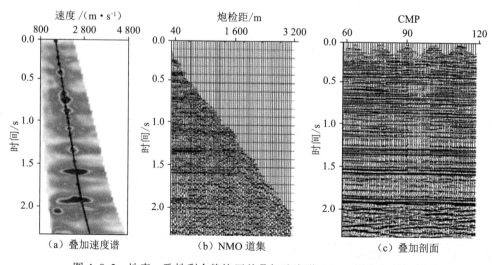

(a)叠加速度谱　　　　　(b)NMO 道集　　　　　(c)叠加剖面

图 4-8-2　地表一致性剩余静校正前叠加速度谱、NMO 道集和叠加剖面

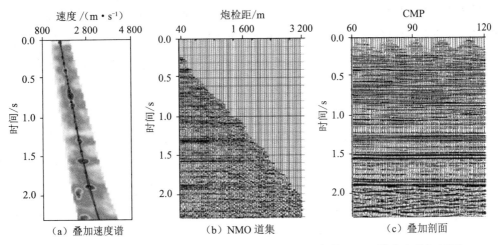

图 4-8-3　第 1 次地表一致性剩余静校正后叠加速度谱、NMO 道集和叠加剖面

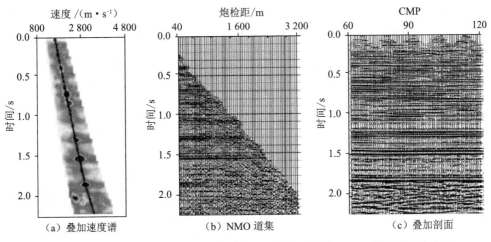

图 4-8-4　第 2 次地表一致性剩余静校正后叠加速度谱、NMO 道集和叠加剖面

4.8.2　操作实现

地表一致性反射波的剩余静校正操作分为 3 步：① 三维地表一致性剩余时差计算（SCRsCal3D）；② 三维地表一致性剩余时差分解（SCRsDecom3D）；③ 静校正量应用（StApply）。

1）三维地表一致性剩余时差计算（SCRsCal3D）

在流程搭建界面中，用鼠标依次左击"Add New Flow"→"Near-surface and Statics"→"SCRsCal3D"，将"GeoDiskIn"模块中的输入数据选定为动校正作业的输出数据，将"First keyword code""Second keyword code""Gather flag"分别选定为"CMP""Offset""CMP"，如图 4-8-5 所示。

选取叠加剖面中构造成像最清晰的部分，如图 4-8-6 所示，将两个矩形内的范围用于剩余时窗计算,模型类型选定为"external"(外部模型),输入模型选定为叠加剖面,自定义输出的时差文件名称,输入时窗参数,如图 4-8-7 所示。

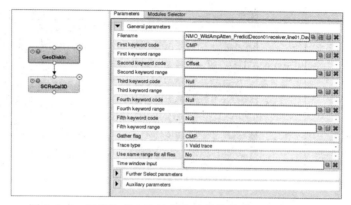

图 4-8-5　三维地表一致性剩余时差计算作业的数据输出

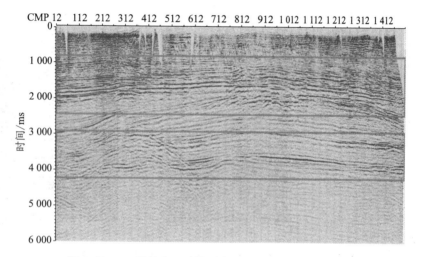

图 4-8-6　三维地表一致性剩余时差计算中时窗的选取

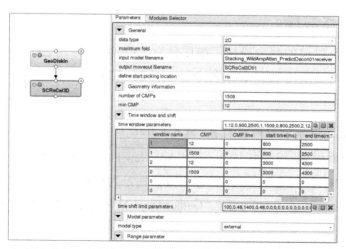

图 4-8-7　三维地表一致性剩余时差计算作业的核心模块

2）三维地表一致性剩余时差分解

在流程搭建界面中，用鼠标依次左击"Add New Flow"→"Near-surface and Statics"→"SCRsDecom3D"，在"statics filename"处自定义输出的剩余静校正量数据库文件名，选取第 1 步生成的时差数据表，在"Allocate buffer"参数组中填写炮点数、检波点数、最大覆盖次数和道数等，如图 4-8-8 所示。

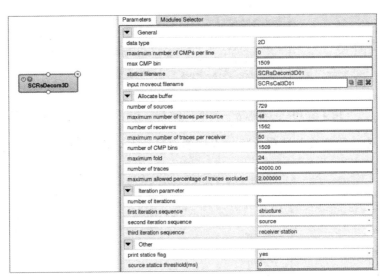

图 4-8-8　三维地表一致性剩余时差分解作业的核心模块

3）静校正量应用

在流程搭建界面中，用鼠标依次左击"Add New Flow"→"Near-surface and Statics"→"StApply"，将"GeoDiskIn"模块中的输入数据选定为预测反褶积作业去噪后的输出数据，如图 4-8-9 所示。

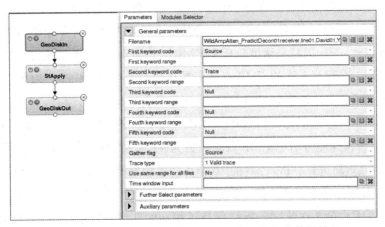

图 4-8-9　三维地表一致性剩余时差应用作业的数据输入

在"application options"选项中选择"residual static correction"，选取第 2 步生成的剩余

静校正量数据库文件,如图 4-8-10 所示。

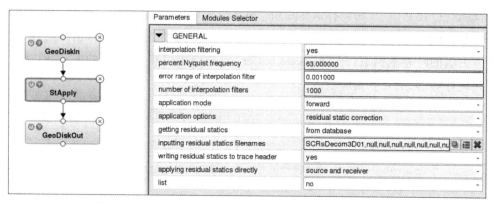

图 4-8-10　三维地表一致性剩余时差应用作业的核心模块

自定义地表一致性反射波剩余静校正后的地震数据名称,如图 4-8-11 所示。

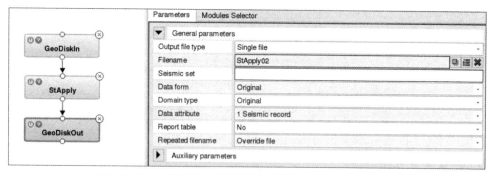

图 4-8-11　三维地表一致性剩余时差应用作业的数据输出

　　在处理过程中,一般需要进行多次剩余静校正的迭代,3 次剩余静校正的迭代过程可表示为:预测反褶积后去噪→速度分析→动校正→初次叠加→第 1 次剩余静校正→速度分析→动校正→第 2 次叠加→第 2 次剩余静校正→速度分析→动校正→第 3 次叠加→第 3 次剩余静校正→速度分析→动校正→ 3 次迭代过程完成后最终叠加。在越往后的速度分析中,可以对速度谱进行加密,即减小速度分析中 CMP 点的间隔,如第 1 次速度分析时的 CMP 点间隔数是 80,第 2 次和第 3 次的 CMP 点间隔数可以减小到 40 和 20。如此操作,则上一次速度分析拾取的 T-V 对(速度对)也可在下次速度分析中使用,只需对已有能量点加以调整精细化。例如,CMP 号范围为 1 ～ 800,第 1 次速度分析的 CMP 点间隔数为 80,则有 10 个点需要分析,下一次速度分析的 CMP 点间隔数为 40,则有 20 个点需要分析,但此时只需对多出来的 10 个点重新进行分析,已有的 10 个点加以调整提高精度,而无须再次分析。

　　以本实习书所用数据为例,第 1 次速度分析时的 CMP 点间隔数为 50,第 2 次为 25,第 3 次仍为 25,因此第 3 次速度分析时保持了相同的速度谱加密密度,后续只需对速度谱的能量团加以修改提高精度。虽然 3 次迭代过程较为烦琐,但可以显著提高地震剖面的精度。3 次迭代过程的流程作业如图 4-8-12 所示。

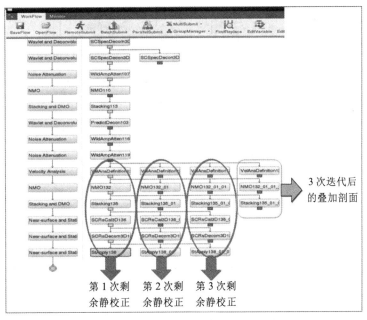

图 4-8-12　3 次剩余静校正迭代的流程作业图

　　用鼠标右击"WorkFlow"中的测线"line01",然后依次左击"Database Browser"→"Statics",可以查看炮点或检波点的剩余静校正量,如图 4-8-13 所示。图 4-8-14 所示为炮点第 1 次、第 2 次和第 3 次迭代的剩余静校正量,由图可以看出,迭代次数越往后的剩余静校正量越小,最终的剩余静校正量小于一个采样间隔,满足精度要求。

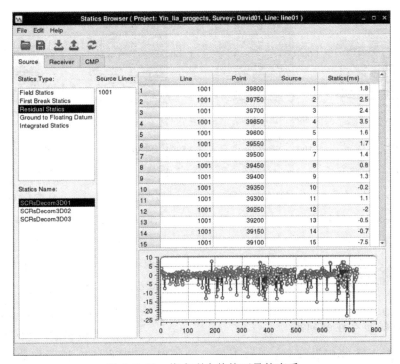

图 4-8-13　炮点剩余静校正量的查看

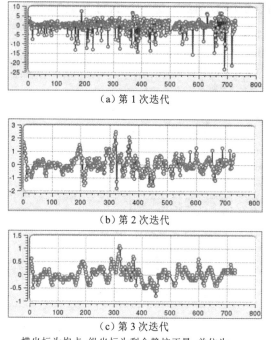

（a）第 1 次迭代

（b）第 2 次迭代

（c）第 3 次迭代

横坐标为炮点；纵坐标为剩余静校正量，单位为 ms。

图 4-8-14　炮点第 1 次、第 2 次和第 3 次迭代剩余静校正量

以本实习书所用数据为例，如图 4-8-15 所示，进行 3 次剩余静校正迭代后，地震剖面同相轴连续性更好，信号得到明显增强。

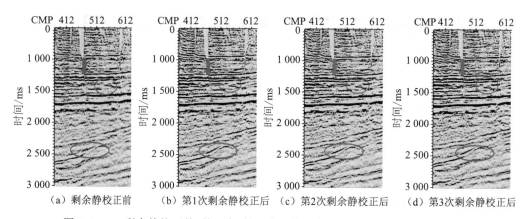

（a）剩余静校正前　（b）第 1 次剩余静校正后　（c）第 2 次剩余静校正后　（d）第 3 次剩余静校正后

图 4-8-15　剩余静校正前、第 1 次、第 2 次和第 3 次剩余静校正后的剖面质控对比

4.9　偏移处理及质控

1）叠加剖面存在的问题

叠加剖面存在的问题包括：当地下界面倾斜时，反射点不在地面接收点的正下方，CMP 点叠加并非真正的共反射点叠加，因此叠加剖面的横向分辨率会降低；地层岩性突变

点（断点、尖灭点等）处存在绕射波；菲涅耳带影响横向分辨率。一般认为叠加剖面等价于自激自收剖面。图 4-9-1 所示为水平界面、向斜、背斜 3 个简单模型，以及正演得到的自激自收剖面（子波

图 4-9-1 水平界面、向斜、背斜模型及自激自发剖面

为脉冲）。由图可以看出，当反射界面完全水平时，自激自收剖面反射波同相轴形态与实际地质模型界面形态一致；当模型存在背斜和向斜构造时，倾斜界面反射波同相轴存在交叉现象，与图上部的实际地质模型界面形态差别很大，需要进行偏移。

2）偏移的目的

为解决叠加剖面存在的问题，需要进行偏移处理来实现倾斜界面归位、绕射波收敛和横向分辨率提高。由图 4-9-2 的时间域偏移剖面可见，绕射波已经收敛，倾斜界面反射波归位到较准确的位置上，同相轴交叉现象基本消失，凹陷左侧陡边界反射与凹陷各地层接触关系较为清晰，能够较好地反映地下地质构造特征。由图 4-9-3 的对比图可以看出，经过时间域偏移处理后，倾斜界面得到归位，凹界面（向斜）和凸界面（背斜）得到较好成像，偏移剖面能直观反映地下界面的实际特征。

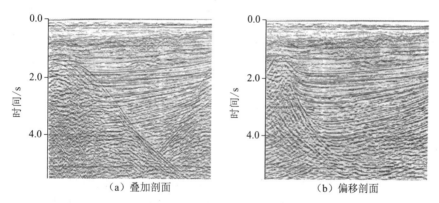

（a）叠加剖面　　　　　　　　（b）偏移剖面

图 4-9-2 某区叠加剖面和相应的时间域偏移剖面对比示例 1

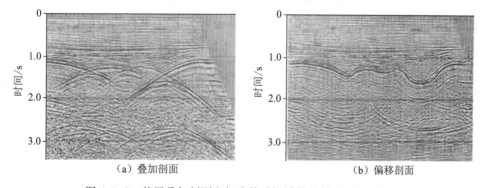

（a）叠加剖面　　　　　　　　（b）偏移剖面

图 4-9-3 某区叠加剖面和相应的时间域偏移剖面对比示例 2

3）偏移所需的速度模型

进行偏移需要已知偏移速度模型。对于地下构造简单、速度横向变化平缓的工区，可以采用叠后时间偏移方法，它需要已知均方根速度模型，通常的做法是将叠加速度分析得到的叠加速度近似为均方根速度。对于地下构造复杂、速度横向变化不大的工区，为得到较好的偏移成像结果，需要采用叠前时间偏移方法，通过叠前时间偏移速度分析求取较为准确的均方根速度场。对于地下构造复杂、速度横向变化大的工区，为得到高精度偏移成像结果，需要进行叠前深度偏移。叠前深度偏移需要已知层速度模型，将叠前时间偏移的均方根速度换算成初始层速度场，通过网格层析技术优化得到较准确的层速度场。图4-9-4所示为某叠后时间偏移速度场，是通过对叠加速度场进行插值和平滑得到的，用于叠后时间偏移。在进行叠后时间偏移时，可以通过微调速度场（速度总体稍微增加或减小一定百分比）来获得最佳的偏移效果。

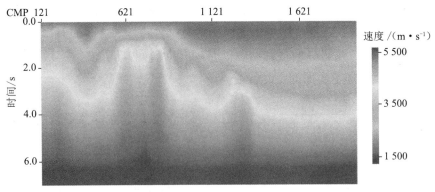

图 4-9-4　叠后时间偏移速度场

4.9.1　叠后时间偏移

偏移处理需要用到速度体信息，前面的操作中已经进行了精细的速度分析，然而拾取的是 T-V 对（即拾取的时间点上对应一个速度），因此需要在 GeoEast 系统中将 T-V 对转为速度体。首先利用"VelIntp"和"VelSmooth"模块依次对拾取的最新速度（速度分析中拾取的 T-V 对）进行速度插值和速度平滑处理，生成叠后偏移所需的平滑速度体数据。

1）速度插值（VelIntp）

在流程搭建界面中，用鼠标依次左击"Add New Flow"→"Velocity Analysis"→"VelIntp"，将输入 T-V 文件选定为最新拾取的 T-V 对，自定义输出的速度体文件名，填写输出数据对应的范围参数，如图4-9-5所示。

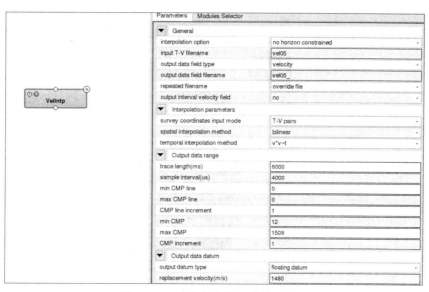

图 4-9-5　速度插值作业的核心模块

T-V 对经过速度插值后，在 GeoEast 系统中以地震体的形式存在。以本实习书所用数据为例，将地震体形式的速度数据打开，如图 4-9-6 所示。

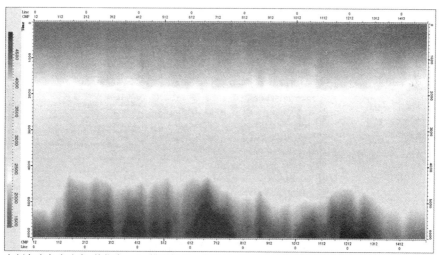

左侧色度条为速度，单位为 m/s；横坐标 line 为线号，CMP 为 CMP 号；纵坐标为时间，单位为 ms。

图 4-9-6　插值后的速度体

为更方便地查看速度体，了解速度的整体趋势，可在面板设置中对速度体进行调节，调节方法与地震数据体的面板设置大致相同，可对速度体的横纵比例、显示模式及色彩等进行调节。如图 4-9-7 所示，选中"Variable Density"，用鼠标左击右侧的色彩框，在"Standard"选项中对速度体的色彩显示进行调节。图 4-9-6 所示的速度体色彩就是在"Standard"中选择"Rainbow"，该色彩设置可以使速度变化更加直观。

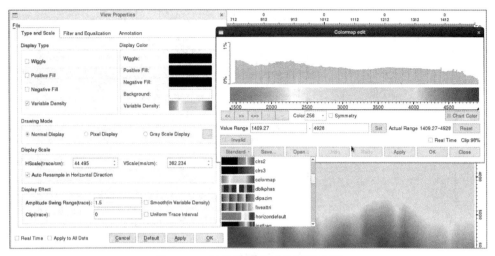

图 4-9-7　速度体插值后的面板设置

2）速度平滑（VelSmooth）

在流程搭建界面中，用鼠标依次左击"Add New Flow"→"Velocity Analysis"→
"VelSmooth"，输入选定为速度插值后生成的速度体，自定义输出速度体文件名，如图
4-9-8 所示。

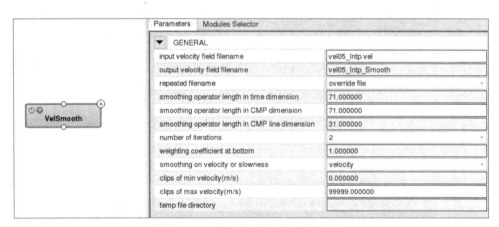

图 4-9-8　速度平滑作业的核心模块

在地震数据中打开平滑速度体，如图 4-9-9 所示。由图可以看出，平滑后的速度体地
下速度变化趋势更符合真实情况。

求得相关速度信息后，对叠加剖面进行叠后时间偏移操作。具体操作如下：在流程
搭建界面中，用鼠标依次左击"Add New Flow"→"PostStack Migration"→"FDMig2D"，
将"GeoDiskIn"模块中的输入数据选定为最终叠加剖面，将"First keyword code""Second
keyword code""Gather flag"分别选定为"CMP line""CMP""CMP"，如图 4-9-10 所示。

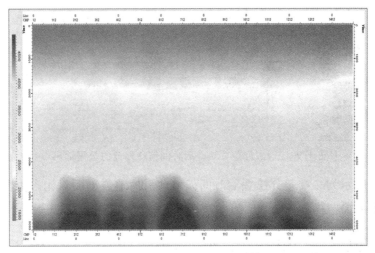

图 4-9-9　平滑后的速度体

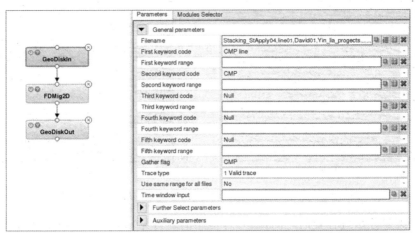

图 4-9-10　二维差分法叠后时间偏移作业的数据输入

　　根据之前的质控剖面,大致判断出地层的最大倾角,依此选择有限差分中的度数偏移。此处选择有限差分 45° 偏移,填写 CMP 道间距,选取插值平滑后的速度体,填写 CMP 的起止号,如图 4-9-11 所示。

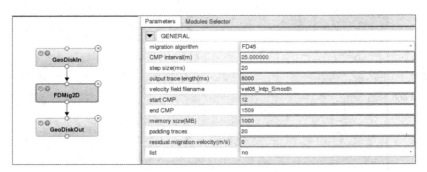

图 4-9-11　二维差分法叠后时间偏移作业的核心模块

　　自定义二维差分法叠后时间偏移的地震数据名称,如图 4-9-12 所示。

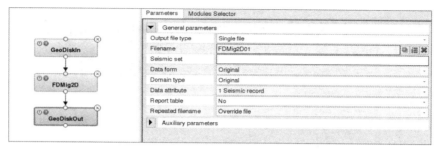

图 4-9-12　二维差分法叠后时间偏移作业的数据输出

图 4-9-13 所示为二维差分法叠后时间偏移前后的地震剖面对比。由图可以看出，绕射波收敛，倾斜界面归位。

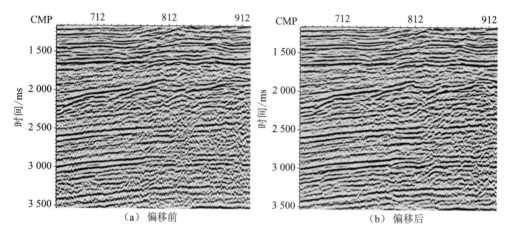

（a）偏移前　　　　　　　　　　　　　（b）偏移后

图 4-9-13　二维差分法叠后时间偏移前后的地震剖面对比

采用二维差分法进行叠后时间偏移后，地层清晰可见，如图 4-9-14 和图 4-9-15 所示。但是仍存在一定噪声，需要进行叠后去噪处理。

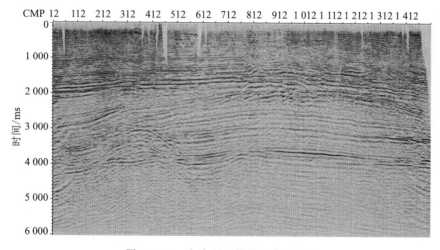

图 4-9-14　灰度显示的叠后偏移剖面

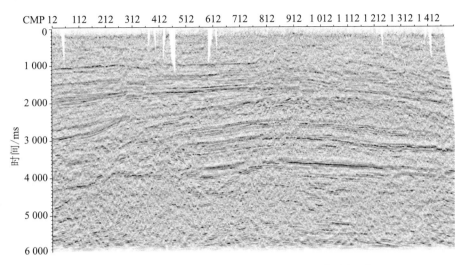

图 4-9-15　变密度下 AGC 增益显示的叠后偏移剖面

4.9.2　叠前时间偏移

叠前时间偏移为并行独立运行模块,由于计算量大、作业运行时间长,原则上要求独立使用硬件资源。叠前时间偏移作业的编辑、运行既可以用 GeoJobConsole 控制,又可以通过命令手动完成。在 GeoJobConsole 控制下运行叠前时间偏移作业时,由于存在计算节点随机分配、作业 log 文件需要手动刷新等缺点,推荐使用命令手动提交作业。下面介绍叠前时间偏移作业的运行方法及如何调用 linux 系统进行手动编辑。

在流程搭建界面中,用鼠标依次左击"Add New Flow"→"PretStack Migration"→"PKirTMigCrook",完成积分法弯线叠前时间偏移模块的初始化,将"GeoDiskIn"和"GeoDiskOut"模块删除。在"filename of input data"中选择剩余静校正迭代后的地震数据,需要注意的是,输入的地震数据文件必须按照"CMP line"→"CMP"→"Trace"或"Offset"三级索引存放;在"velocity field filename"中选择经平滑后的最新速度体,自定义输出的地震数据名称;"migration time range"栏表示偏移计算的起始、终止时间及偏移时间间隔;其余一些参数,读者可参考模块中的参考说明进行填写。以本实习所用工区二维数据为例,积分法弯线叠前时间偏移作业的核心模块如图 4-9-16 所示。

如果在 GeoJobConsole 界面中发送作业,需要注意与一般的模块不同,用户需要输入使用的节点数量,如图 4-9-17 所示。在输入足够作业运行且可调用的节点数量后即可发送作业。

下面介绍如何通过命令手动发送作业。用鼠标右击"PKirTMigCrook"模块,点击"Export job",将作业导出至某一路径下,该路径需有足够大的运行作业空间及修改作业权限,如图 4-9-18 所示。

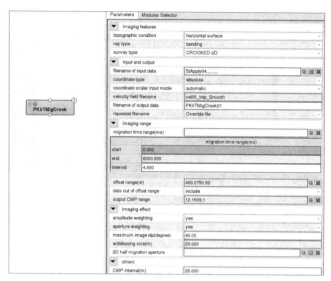

图 4-9-16 积分法弯线叠前时间偏移作业的核心模块

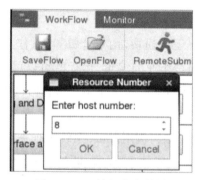

图 4-9-17 输入节点数量

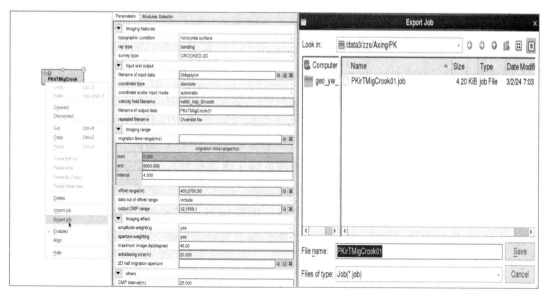

图 4-9-18 导出作业

回到 GeoEast 系统桌面,在空白处点击鼠标右键,选择"Open in Terminal"。使用 cd 命令将系统目录切换至导出作业的所在路径,如图 4-9-19 所示。

图 4-9-19　切换至导出作业所在路径

创建"hostfile"节点列表文件有两种方式:第 1 种是打开磁盘所在路径,新建一个名为"hostfile"的空白文件;第 2 种是在命令中调用"vi hostfile",如图 4-9-20 所示。将可使用的节点名按下列格式写入:

ibm2-014:2

ibm2-015

ibm2-016

每行有 1 个节点名称,节点不能重复、不能有空行。本模块采用"master/serve"模式,第 1 个节点既完成管理工作又承担计算任务,其他节点仅承担计算任务,所以只有第 1 个节点名后加":2"。

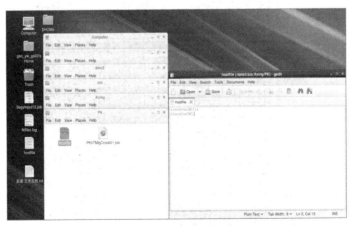

图 4-9-20　创建节点列表文件

用命令发送叠前时间偏移作业:pstmjob jobname hostfile → log1 &。发送后,命令运行的 log 信息会实时打到屏幕上。为保存运行信息,发送命令将运行信息定向到"log1"文件(命令运行后,"log1"文件在路径下自动生成)中。以本实习书所用数据为例,在命令行中输入 pstmjob PKirTMigCrook 01. job hostfile → log1 &,详细运行情况在"log1"文件中查看,如图 4-9-21 所示。

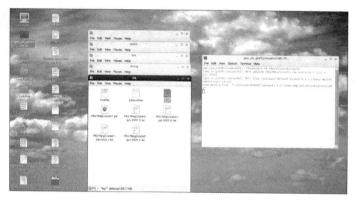

图 4-9-21　运行叠前时间偏移命令

命令运行成功后,可在地震数据中查看叠前偏移后的 CMP 道集,并拾取对应的切除文件,为后续叠加做准备,如图 4-9-22 所示。

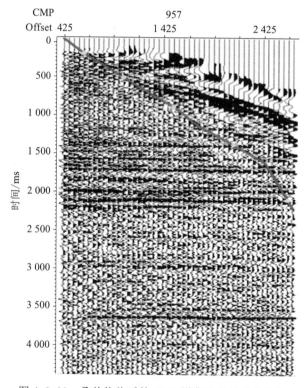

图 4-9-22　叠前偏移后的 CMP 道集及切除线的选取

在流程搭建界面中,用鼠标依次左击"Add New Flow"→"Stacking and DMO"→"Stacking",将输入数据选定为叠前偏移后的 CMP 道集,选取此道集上的切除文件,自定义输出的剖面名称,从而进行叠加剖面,如图 4-9-23 所示。

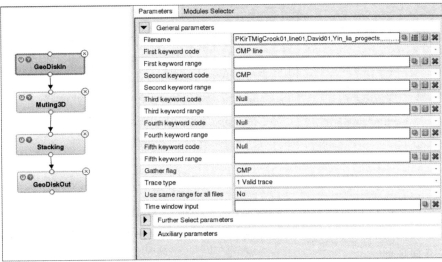

（a）输入

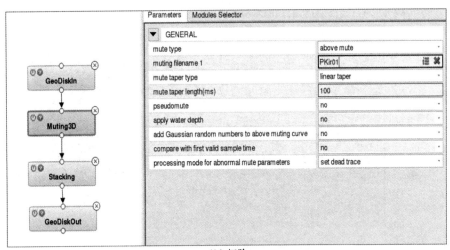

（b）切除

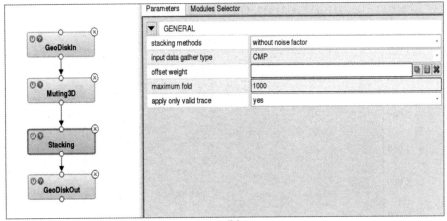

（c）叠加

图 4-9-23　对叠前偏移后的 CMP 道集进行叠加

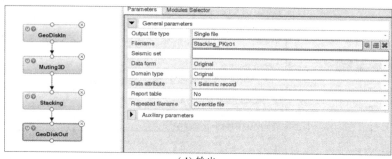

（d）输出

图 4-9-23（续） 对叠前偏移后的 CMP 道集进行叠加

采用弯线积分法进行叠前时间偏移后，地层清晰可见，地震波同相轴更归位于真实构造，信噪比与叠后偏移相比提升显著，如图 4-9-24 和图 4-9-25 所示。但仍存在少量噪声，需要进行叠后处理。

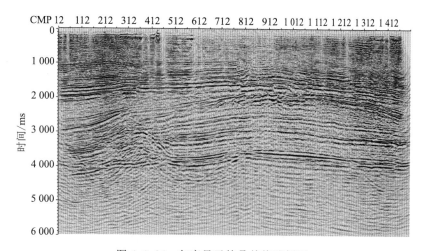

图 4-9-24 灰度显示的叠前偏移剖面

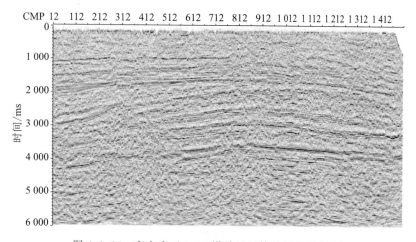

图 4-9-25 变密度下 AGC 增益显示的叠后偏移剖面

4.10　叠后处理及成果分析

4.10.1　叠后去噪处理

完成偏移后的剖面图仍存在一些随机噪声,因此需要进行进一步去噪处理。与叠前去噪不同的是,叠前去噪是在道集上进行的,叠后去噪是直接在剖面上进行随机噪声衰减。此处使用"RNA2D"(叠后二维随机噪声衰减)模块。

在流程搭建界面中,用鼠标依次左击"Add New Flow"→"PostStack Processing"→"RNA2D",完成叠后二维随机噪声衰减模块的初始化。将"GeoDiskIn"模块中的输入数据选定为叠后剖面,将"First keyword code""Second keyword code""Gather flag"分别选定为"CMP line""CMP""CMP",如图 4-10-1 所示。

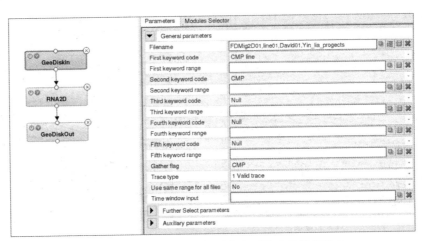

图 4-10-1　叠后二维随机噪声衰减作业的数据输入

输入适当的混波参数,如图 4-10-2 所示。

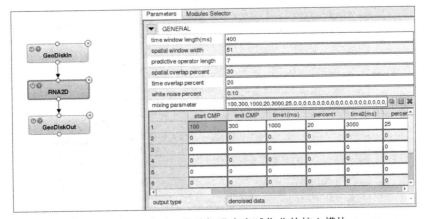

图 4-10-2　叠后二维随机噪声衰减作业的核心模块

自定义叠后二维随机噪声衰减作业后的数据名称,如图 4-10-3 所示。

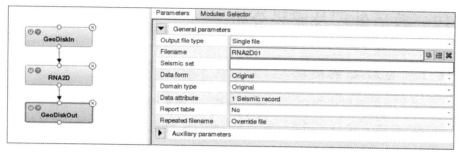

图 4-10-3　叠后二维随机噪声衰减作业的数据输出

图 4-10-4 所示为随机噪声衰减前后剖面对比。由图可以看出，叠加剖面的信噪比得到显著提升，地层更加清晰可见，波形活跃且波组特征好。图 4-10-5 所示为经过随机噪声衰减作业后的叠后偏移剖面，图 4-10-6 所示为经过随机噪声衰减作业后的叠前偏移剖面。

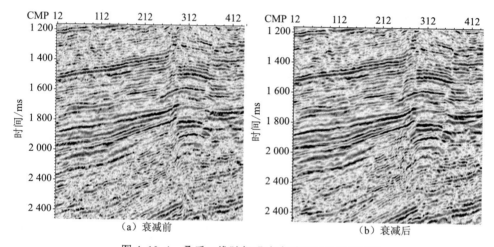

图 4-10-4　叠后二维随机噪声衰减前后的剖面对比

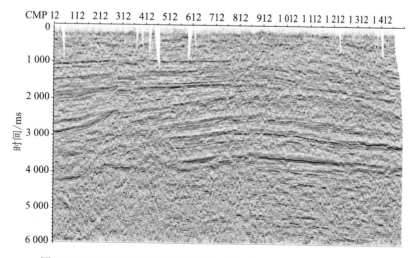

图 4-10-5　经过随机噪声衰减作业后的叠后偏移剖面（成果剖面）

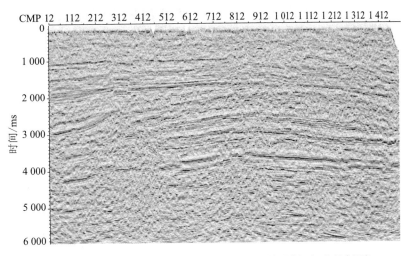

图 4-10-6　经过随机噪声衰减作业后的叠前偏移剖面(成果剖面)

4.10.2　成果分析

本次处理的成果剖面分别如图 4-10-5(采用叠后偏移方法)和图 4-10-6(采用叠前偏移方法)所示。下面以叠前偏移去噪后的剖面为例进行成果分析。首先选取目的层段所在的时窗进行频谱分析(图 4-10-7),频谱分析结果如图 4-10-8 所示。叠前偏移去噪后的剖面的目的层段频带范围为 5 ~ 38 Hz,主频为 14 Hz,剖面同相轴连续,与叠后偏移相比,断层成像更清楚,波组特征更清晰。

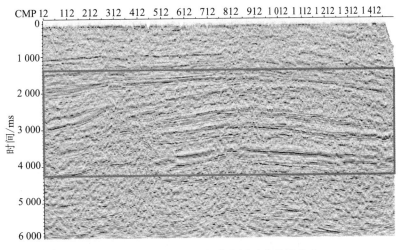

图 4-10-7　目的层段频谱分析时窗的选取

对叠前偏移去噪后的剖面进行多频率域内的带通频率扫描,如图 4-10-9 所示。由图可以看出,剖面的有效主频集中在 5 ~ 30 Hz,深层频带只能达到 30 Hz 左右。如图 4-10-10 所示,浅层频带可以达到 60 Hz 左右,60 Hz 以上几乎没有有效信号。

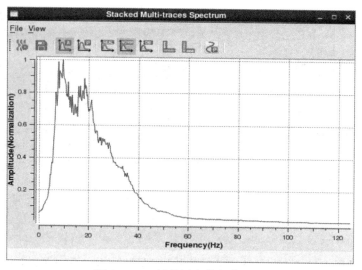

图 4-10-8　目的层段的频谱分析

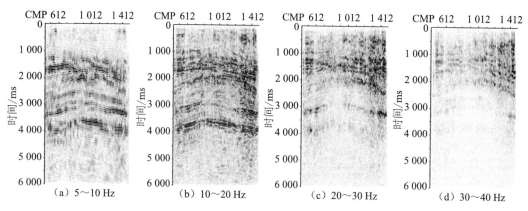

（a）5～10 Hz　　（b）10～20 Hz　　（c）20～30 Hz　　（d）30～40 Hz

图 4-10-9　地震剖面的频率扫描

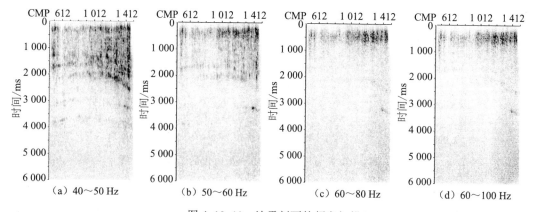

（a）40～50 Hz　　（b）50～60 Hz　　（c）60～80 Hz　　（d）60～100 Hz

图 4-10-10　地震剖面的频率扫描

　　下面从信噪比、分辨率和保真度 3 个方面对成果进行综合分析，地震资料处理的目的就是追求"三高"（信噪比高、分辨率高、保真度高）。

（1）信噪比问题：本地震数据信噪比较低，为了提高信噪比，根据不同噪声的特点，先对能量强的面波进行压制，即采用分频、分时的去噪方法对相干噪声进行压制，然后采用分域、分频的去噪方法对异常能量进行压制，最终使剖面信噪比得到较大的改善。

（2）分辨率问题：原始记录的分辨率较低，为提高分辨率，采用地表一致性反褶积加预测反褶积方法进行处理，处理后的资料浅、中、深层有效频带展宽，提高了资料的分辨率。

（3）保真度问题：在去噪处理时，每一步都进行质控，几乎未损伤有效信号，偏移成像精度高，最大程度还原地下的真实构造。

4.11　地震资料处理实习拓展

本节内容除使读者学习地震资料处理的实习上机操作外，还可为"东方杯"全国大学生勘探地球物理大赛的参赛选手提供一定参考。本实习数据为陆上二维地震资料，而大赛普遍采用陆上三维勘探采集的地震资料，需要建立三维工区，因此先在数据导入环节进行多线束数据的合并，再对合并后的地震数据进行观测系统定义，随后的处理环节与实习上机操作所介绍的流程大体相似，具体参数需要根据数据特点进行相应调整。

对于静校正问题比较严重的地震资料，利用野外静校正量一般无法取得较好的效果，此时需要进行初至拾取，利用拾取的初至时间计算静校正量，再进行静校正；也可以采用折射波静校正方法计算静校正量，二维和三维折射波静校正模块分别为"RefractorSta2D"和"RefractorStaCal"；还可以采用初至波旅行时层析方法反演近地表速度（二维和三维反演模块分别为"PTomoFresnel2D"和"PTomoFresnel3D"），进而计算静校正量。

如果所需处理的数据为海上采集的地震资料，则要重点关注涌浪噪声、邻炮干扰和多次波干扰等噪声。其中，可用于压制多次波的模块较多，如高精度 Radon 变换压制多次波（"HiRadonTrans"）、聚束滤波压制多次波（"BeamMultAtten"）、自由表面多次波预测（"SurfMultPredic"）等模块。

附录 A
Linux 下的常用命令

在 GeoEast 系统中，可通过以下步骤执行 Linux 命令：在 GeoEast 桌面上用鼠标右击空白处，选择 "Open in Terminal"，即进入 Linux 命令执行窗口。具体操作如图 A-1 所示。

图 A-1　进入 Linuix 命令操作界面

A.1　目录和文件操作命令

1）目录切换

命令：cd 目录路径　　　将当前路径切换到输入的目录路径下

　　cd /　　　　　　　切换到根目录

　　cd /root/Drive　　切换到目录 /root/Drive

　　cd ../path　　　　切换到上层目录中的 path 目录中

cd ..	切换到上一级目录
cd ~	切换到 home 目录
cd -	切换到上次访问的目录

2）目录和文件查看（查）

命令：ls	查看当前目录下的所有目录和文件
ls -a	查看当前目录下的所有目录和文件（包括隐藏文件，其开头为 . 的文件）
ls -l	以长数据串的形式列出当前目录下的数据文件和目录（列表查看，信息更丰富）
ls /dir	查看指定目录下的所有目录和文件

例如：

ls /path　　查看 path 目录下的所有目录和文件

命令：find 目录 参数 文件名

例如：

find /path/zz -name 'a*'　　查找 /path/zz 目录下的所有 a 开头的目录或文件

3）创建目录或文件（增）

命令：mkdir 目录名　　　　在当前目录下创建目录

例如：

mkdir /user/zz　　在指定目录下创建一个名为 zz 的目录

命令：touch 文件名　　　　在当前目录创建文件

例如：

touch aa.txt　　在当前目录创建一个名为 aa.txt 的文件

4）删除目录或文件（删）

命令：rm 文件	删除当前目录下的文件
rm -f 文件	删除当前目录下的文件（不询问）
rm -r zz	递归删除当前目录下的 zz 目录
rm -rf zz	递归删除当前目录下的 zz 目录（不询问）

注意：rm 命令不仅可以删除目录，也可以删除文件。为方便记忆，删除任何文件或目录时，都可以直接使用 rm -rf 目录／文件。

5）修改目录（改）

（1）重命名目录。

命令：mv 当前目录名称 新目录名称　　　　重命名目录

例如：

mv zz ss　将目录 zz 改为 ss

注意：mv 命令不仅可以对目录进行重命名，也可对文件进行重命名。

（2）剪切目录。

命令：mv 目录名称 目录的新位置　　　　　剪切目录至新位置

例如：

mv /tru/xg/zz /trum　将 /tru/xg 目录下的 zz 目录剪切到 trum 下

注意：mv 命令也可对文件进行剪切操作。

（3）拷贝目录或文件。

命令：cp -r 目录名称 拷贝的目标位置　　　拷贝目录到新位置（-r 代表将一个目录及其下所有子目录文件都拷贝）

例如：

cp /tru/xg/zz /trum　将 /tru/xg 目录下的 zz 目录复制到 trum 目录下。

注意：如果待复制的目录不是空文件夹，直接使用 cp 命令会复制失败，因此需要加上 -r 递归。cp 命令还可以用来拷贝文件，拷贝文件时不用写 -r 递归。

6）修改文件（改）

修改文件使用 vi 或 vim 编辑器，vi 编辑器可以分为 3 种状态，分别是命令模式（command mode）、插入模式（insert mode）和底行模式（last line mode），各模式的功能区分如下。

（1）命令模式（command mode）。

命令模式可控制屏幕光标的移动，字符、字或行的删除，查找，移动复制某区段及进入插入模式或底行模式。

命令模式下的常用命令：

① 控制光标移动　　　↑，↓，j

② 删除当前行　　　　dd

③ 查找　　　　　　　/ 字符

④ 进入编辑模式　　　i 或 o 或 a

⑤ 进入底行模式　　　:

（2）编辑模式（insert mode）。

只有在编辑模式下，才可以做文字输入，按"ESC"键可回到命令模式。

编辑模式下的常用命令有：

按"ESC"退出编辑模式到命令模式。

（3）底行模式（last line mode）。

底行模式下可以将文件保存或退出 vi 编辑器，也可以设置编辑环境，如寻找字符串、列出行号……

底行模式下的常用命令:

① 退出编辑　　　　:q

② 强制退出　　　　:q!

③ 保存并退出　　　:wq

(4)其他操作。

① 打开文件。

命令:vi 文件名

例如:

vi aa.txt　打开当前目录下的 aa.txt 文件

vim aa.txt　打开当前目录下的 aa.txt 文件

注意:使用 vi 编辑器打开文件后并不能编辑,因为此时处于命令模式,点击键盘 i 或 a 或 o 进入编辑模式。如果要编辑的文件名不存在,则新建一个空文件并在 vi 编辑器中进行修改。

② 编辑文件。

使用 vi 编辑器打开文件后,点击按键 i 或 a 或 o 即进入编辑模式。

i:在光标所在字符前开始插入。

a:在光标所在字符后开始插入。

o:在光标所在行的下面另起一新行插入。

③ 保存或取消编辑。

保存文件步骤如下:

第 1 步:按"ESC"键进入命令行模式;

第 2 步:按":"键进入底行模式;

第 3 步:"wq" 代表保存并退出编辑或"q!"代表撤销本次修改并退出编辑。

7)搜索目录或文件(查)

命令:find 目录 参数 文件名称

例如:

find /tru/xg -name 'a*'　查找 /tru/xg 目录下的所有 a 开头的目录或文件

A.2　其他常用命令

1)查看当前目录

命令:pwd　　　　　　　　查看当前目录路径

2)查看进程

命令:ps -ef　　　　　　　查看所有正在运行的进程

这个命令将显示所有进程的详细信息,包括系统进程和用户进程,包含每个进程的PID(进程标识符)、PPID(父进程标识符)、状态、CPU 使用率、内存使用量等信息。此外,grep 命令是一个用于在文本中搜索指定模式的命令。它可以根据用户提供的模式匹配行,并将匹配的行显示出来。在 ps -ef│grep 命令中,grep 命令用于过滤 ps -ef 命令的输出,只显示包含指定模式的行。

例如:

ps -ef | grep gainx   显示所有包括 "gainx" 的进程信息

3)结束进程

命令:kill pid 或 kill -9 pid   强制杀死进程,其中 pid 为进程号

命令:pkill 进程名 或 pkill -9 进程名   强制杀死进程

4)网络通信命令

(1)ifconfig:查看网卡信息。

命令:ifconfig 或 ifconfig | more

(2)ping:查看与某台机器的连接情况。

命令:ping ip

(3)netstat -an:查看当前系统端口。

命令:netstat -an

(4)搜索指定端口。

命令:netstat -an | grep 8080

(5)配置网络。

命令:setup

(6)重启网络。

命令:service network restart

(7)切换用户。

命令:su - 用户名

附录 B
SEGY 格式说明

B.1 SEGY 格式 400 字节头块说明

字(32 位)	字节号	说　明
1	3 201～3 204	作业标识号
2	3 205～3 208*	线号(每条仅一条线),若为三维叠后数据,含有主测线号
3	3 209～3 212*	卷号
4-1	3 213～3 214*	每个道集的数据道数
4-2	3 215～3 216*	每个道集的辅助道数(包括扫描道、时断、增益、同步和其他所有非地震数据道)
5-1	3 217～3 218*	采样间隔(μs)
5-2	3 219～3 220	原始野外记录的采样间隔(μs)
6-1	3 221～3 222	每个数据道的样点数
6-2	3 223～3 224	原始野外记录的各数据道的样点数
7-1	3 225～3 226*	数据采样格式码:1=4 字节 IBM 浮点,2=4 字节二进制补码整型,3=2 字节二进制补码整型,4=4 字节带增益定点(已废弃),5=4 字节 IEEE 浮点,6=目前未用,7=目前未用,8=1 字节二进制补码整型
7-2	3 227～3 228*	CMP 覆盖次数
8-1	3 229～3 230	道分选码:-1=其他,0=未知,1=同记录(无分选),2=CMP 道集,3=单次覆盖剖面,4=水平叠加剖面,5=共炮点,6=共接收点,7=共炮检距点,8=共中心点,9=共转换点
8-2	3 231～3 232	垂直叠加码:1=没有叠加,2=两次叠加,…,N=N 次叠加(N=1～32 766)
9-1	3 233～3 234	起始扫描频率(Hz)
9-2	3 235～3 236	终止扫描频率(Hz)
10-1	3 237～3 238	扫描长度(ms)
10-2	3 239～3 240	扫描类型码:1=线性扫描,2=抛物线扫描,3=指数扫描,4=其他
11-1	3 241～3 242	扫描通道的道号
11-2	3 243～3 244	有斜坡时,为起始斜坡长度(斜坡起始于时间零,使用时间为该长度),以 ms 表示
12-1	3 245～3 246	终止斜坡长度(扫描长度减去斜坡结尾处的长度),以 ms 表示

字(32位)	字节号	说　明
12-2	3 247～3 248	斜坡类型:1=线性,2=余弦函数关系(非线性),3=其他
13-1	3 249～3 250	相关数据道:1=没有相关,2=相关
13-2	3 251～3 252	二进制增益恢复:1=恢复,2=没有恢复
14-1	3 253～3 254	振幅恢复方式:1=没有;2=球面扩散;3=AGC(自动增益控制);4=其他
14-2	3 255～3 256*	测量系统:1=m;2=ft
15-1	3 257～3 258	脉冲信号极性:表示压力增加或者使检波器向上运动,在磁带上记的是负值还是正值,1=负值,2=正值
15-2	3 259～3 260	可控震源极性码。 极性代码　　滞后引导信号　　极性代码　　滞后引导信号 1　　337.5°～22.5°;　　2　　22.5°～67.5° 3　　67.5°～112.5°;　　4　　112.5°～157.5° 5　　157.5°～202.5°;　　6　　202.5°～247.5° 7　　247.5°～292.5°;　　8　　292.5°～337.5°
	3 261～3 600	没有确定,选择使用

注:带 * 的字节的信息必须记录,"="表示对应。

B.2　SEGY 格式道头说明

字(32位)	字节号	说　明
1	1～4*	一条测线中的道顺序号。如果一条测线连续占用多个 SEGY 文件,顺序号连续递增
2	5～8	SEGY 文件中的道顺序号,每个文件的道顺序号均从 1 开始
3	9～12 *	原始的野外记录号
4	13～16*	原始野外记录中的道号
5	17～20	震源点号(当同一个地面点有多于一个记录时使用)
6	21～24	CMP 号
7	25～28	在 CMP 道集中的道号(每个 CMP 道集中道号从 1 开始)
8-1	29～30*	道识别码:-1=未知,0=未知,1=地震数据,2=死道,3=虚道,4=时间信号,5=井口时间,6=扫描道,7=计时,8=水断信号,9=近场炮信号,10=远场炮信号,11=地震压力传感器,12=多分量地震传感器(垂直分量),13=多分量地震传感器(联络测线分量),14=多分量地震传感器(主测线分量),15=旋转多分量地震传感器(垂直分量),16=旋转多分量地震传感器(横向分量),17=旋转多分量地震传感器(径向分量),18=振动器反应物质,19=振动器座板,20=振动器估计地面力量,21=振动器参考,22=T—V 对,…,N=选择使用(N 最大为 32 767)
8-2	31～32	产生这一道的垂直叠加道数(1 表示一道,2 表示两道相加,…)
9-1	33～34	产生这一道的水平叠加道数(1 表示一道,2 表示两道相加,…)

字(32 位)	字节号	说 明
9-2	35～36	数据类型：1=生产，2=试验
10	37～40	从炮点到检波点的距离（如果相反向激发则为负值）
11	41～44	接收点高程，高于海平面的高程为正，低于海平面为负
12	45～48	炮点的地面高程
13	49～52	炮点低于地面的深度（正值）
14	53～56	检波点的基准面高程
15	57～60	炮点的基准面高程
16	61～64	炮点的水深
17	65～68	检波点的水深
18-1	69～70	对 41～68 字节中的所有高程和深度应用此比例因子。比例因子=1，±1，100，±1 000 或 ±10 000。比例因子如果为正，乘以因子；比例因子如果为负，则除以因子
18-2	71～72	对 73～88 字节和 181～188 字节中所有坐标应用此比例因子。比例因子=1，±10，±100，±1 000 或 ±10 000。比例因子如果为正，乘以因子；比例因子如果为负，则除以因子
19	73～76	炮点坐标 -X。如果坐标单位是弧秒，X 值表示经度，Y 值代表纬度。正值代表格林尼治子午线东或赤道北的秒数，负值则为西或南的秒数
20	77～80	炮点坐标 -Y。如果坐标单位是弧秒，X 值表示经度，Y 值代表纬度。正值代表格林尼治子午线东或赤道北的秒数，负值则为西或南的秒数
21	81～84	检波点坐标 -X。如果坐标单位是弧秒，X 值表示经度，Y 值代表纬度。正值代表格林尼治子午线东或赤道北的秒数，负值则为西或南的秒数
22	85～88	检波点坐标 -Y。如果坐标单位是弧秒，X 值表示经度，Y 值代表纬度。正值代表格林尼治子午线东或赤道北的秒数，负值则为西或南的秒数
23-1	89～90	坐标单位：1=长度（m 或者 ft），2=弧秒，3=十进制数，4=度，分，秒
23-2	91～92	风化层速度（ft/s 或 m/s，由二进制文件头 3 255～3 256 字节所定义）
24-1	93～94	风化层下的速度（ft/s 或 m/s，由二进制文件头 3 255～3 256 字节所定义）
24-2	95～96	震源点处的井口时间（ms）
25-1	97～98	检波点处的井口时间（ms）
25-2	99～100	震源点的静校正（ms）
26-1	101～102	检波点的静校正（ms）
26-2	103～104	应用的总静校正量（ms），如果没有应用静校正，则为零
27-1	105～106	延迟时间 A，单位为 ms，为 240 字节道识别头的结束和时间断点之间的时间。如果时间断点在道识别头的结束之后，则为正；否则为负。时间断点被定义为起始脉冲，记录在辅助道上或由记录系统另加指定
27-2	107～108	延迟时间 B，单位为 ms，为时间断点与能量起爆之间的时间，可正可负
28-1	109～110	延迟记录时间，单位为 ms，为震源的起爆时间和开始记录数据样点之间的时间（深水时，数据记录不从时间零点开始）

字（32 位）	字节号	说　明
28-2	111～112	起始切除时间（ms）
29-1	113～114	结束切除时间（ms）
29-2	115～116*	本道的采样点数
30-1	117～118*	本道的采样间隔（μs）
30-2	119～120	野外仪器的增益类型：1= 固定增益，2= 二进制增益，3= 浮点益，…，N = 选择使用
31-1	121～122	仪器增益常数（dB）
31-2	123～124	仪器起始增益（dB）
32-1	125～126	相关码：1= 不相关，2= 相关
32-2	127～128	起始扫描频率（Hz）
33-1	129～130	结束扫描频率（Hz）
33-2	131～132	扫描长度（ms）
34-1	133～134	扫描类型：1= 线性，2= 抛物线，3= 指数，4= 其他
34-2	135～136	扫描道起始斜坡长度（ms）
35-1	137～138	扫描道终止斜坡长度（ms）
35-2	139～140	斜坡类型：1= 线性，2= 余弦函数关系（非线性），3= 其他
36-1	141～142	去假频滤波器的频率（Hz）
36-2	143～144	去假频滤波器的斜率（dB/octave）
37-1	145～146	陷波滤波器的频率（Hz）
37-2	147～148	陷波滤波器的斜率（dB/octave）
38-1	149～150	低截频率（Hz）
38-2	151～152	高截频率（Hz）
39-1	153～154	低截斜率（dB/octave）
39-2	155～156	高截斜率（dB/octave）
40-1	157～158	数据记录的年
40-2	159～160	数据记录的日
41-1	161～162	数据记录的小时（24 时制）
41-2	163～164	数据记录的分
42-1	165～166	数据记录的秒
42-2	167～168	时间标准码：1= 当地时间，2= 格林尼治时间，3= 其他
43-1	169～170	道加权因子，最小有效位为 2^{-N}，N=0, 1, 2,…, 32 767
43-2	171～172	覆盖开关位置为 1 的检波点号
44-1	173～174	在原始野外记录中道号 1 的检波点号
44-2	175～176	在原始野外记录中最后一道的检波点号

字（32 位）	字节号	说　明
45-1	177～178	缺口大小（缺失的检波点总数）
45-2	179～180	测线开始或结束处的斜坡位置：1= 在下面（或在后面），2= 在上面（或在前面）
46	181～184	CMP 点的 X 坐标（应用了道头字节 71～72 中的比例因子）
47	185～188	CMP 点的 Y 坐标（应用了道头字节 71～72 中的比例因子）
48	189～192	对于三维叠后数据，此域用于表示 inline（主测线）号。如果每个 SEGY 文件中记录了一条 inline，此值对文件中所有道都是一样的，且此值记录在二进制文件头字节 3 205～3 208 中
49	193～196	对于三维叠后数据，此域用于表示 crossline（联络测线）号。此值与道头字节 21～24 中道集（CDP）号相同，但也可不同
	233～240	没有定义，可以选择使用

注：带 * 的字节的信息必须记录。

附录 C
GeoEast 地震资料处理基本流程常用模块名称表

模块名称	模块英文全名	模块中文全名
SegyInput	Input data in SEGY format	SEGY 格式输入
SegyOutput	Output data in SEGY format	SEGY 格式输出
SegdInput	SEGD disk file data input	SEGD 格式数据输入
GeoDiskIn	GeoEast disk input	GeoEast 磁盘输入
Geometry	Interactive geometry definition	交互观测系统定义
Geometry3D	3D geometry definition	批量 3D 观测系统定义
GeoMCheck	Geometry check	观测系统检查
GeometryFBCheck	Geometry and first break checking	观测系统及初至检查
AmpAna	Amplitude analysis	振幅分析
LimitAmp	Wild amplitude limit	异常振幅抑制
SCAmpCom2D	2D surface consistent amplitude compensation	二维地表一致性振幅补偿
AmpCompenst	Spherical divergence amplitude compensation	球面扩散补偿
AmpEqu	Dynamic amplitude equalization	振幅均衡
TVarScal	Time-variant amplitude scaling	时变振幅比例加权
FoldAmpNorm	Amplitude normalization based on fold	基于覆盖次数振幅归一化
PredictDecon	Predictive deconvolution	预测反褶积
MultiPrDecon	Multi-trace predictive deconvolution	多道预测反褶积
SCAmpAna	Surface consistent amplitude analysis	地表一致性振幅分析
SCAmpDecom	Surface consistent amplitude compensation	地表一致性振幅分解
SCAmpApp	Surface consistent amplitude application	地表一致性振幅应用
SCAnomProcPick	Surface consistent anomaly process: pick amplitude	地表一致性异常振幅处理:拾取
SCAnomProcDecom	Surface consistent anomaly process: decomposition	地表一致性异常振幅处理:分解
SCAnomProcApply	Surface consistent anomaly process: apply	地表一致性异常振幅处理:应用
LogSpectrum	Logarithmic spectrum calculation	对数谱计算
SCSpecDecom3D	3D surface consistent spectrum decomposition	三维地表一致性谱分解
SCSpecDecon3D	3D surface consistent deconvolution application	三维地表一致性反褶积应用

模块名称	模块英文全名	模块中文全名
FKFilt	FK filtering	FK 滤波
GeoFKFiltering	GeoEast interactive FK filtering	交互 F-K 滤波
TVarFilt	Time-variant filtering	时变滤波
FreqFiltScan	Frequency domain filter and band scan	频域滤波与频带扫描
YRWavletScan	Yu and Ricker wavelet scanning	俞氏及雷克子波扫描（滤波）
YuFilt	Yu's filtering	俞氏滤波
PhsScanCorrct	Phase scan and correction	相位扫描与校正
ConstPhsCorrct	Constant phase correction	常相位校正
SpatialFilt	Spatial filtering	空间滤波
GrndRolAtten	Adaptive attenuation of ground roll	自适应面波衰减
ZoneFilt	Prestack zone filtering	叠前局域滤波
HiFNoiAtten	Adaptive high frequency noise attenuation	自适应高频噪声衰减
MonoNoiAtten	Monochromatic frequency noise attenuation	单频干扰压制
KLLinNoiRemv	Linear noise stimulation and removal based on KL transform	KL 变换线性噪声衰减
FKFilt2D	FK filter 2D	二维频率波数域滤波
WildAmpAtten	Wild amplitude attenuation	异常振幅衰减
SuperTrcEst	Super-trace estimation based on reflection	反射波超级道估算
SuperTrcFB3D	3D super-trace first break calculate	基于数据驱动的初至波剩余静校正计算
SuperTrcRsSt	Super-trace residual statics decomposition based on reflection	反射波超级道剩余静校正量分解
VelAnaCorr	Velocity analysis correlation	相关速度谱计算
GeoVeloSuite	Velocity analysis suite	综合交互速度分析
PostMigVField	Poststack migration velocity field building	叠后偏移速度建场
VelIntp	Velocity interpolation	速度插值
VelSmooth	Velocity smoothing	速度平滑
VFieldToTVPairs	Convert velocity field to T-V pairs	速度场转换为 T-V 对
TVConversion	T-V pairs datum conversion	T-V 对转换
NMO	Normal moveout	动校正（2D，3D）
Stacking	Horizontal stacking	叠加
StretchCorrect	NMO stretch correction	动校正拉伸校正
FDMig2D	2D difference migration	二维差分法叠后时间偏移
FXFDMig	Finite difference migration in F-X domain	F-X 域有限差分波动方程偏移
CoherentEnhan	Coherent enhancement	叠后相干加强
RNA2D	Poststack 2D Random noise attenuation	叠后二维随机噪声衰减

模块名称	模块英文全名	模块中文全名
PolyFit	Polynomial fitting to raise S/N ratio	多项式拟合提高信噪比
FKSignalEnhan	Poststack non-linear signal enhancement in F-K domain	叠后 F-K 域信号非线性增强
Muting3D	Seismic trace muting	地震道切除
AutoTrcEdit	Automatic seismic data editing	自动地震道编辑
CorrelationAna	Correlation analysis	相关分析
TakeTraceAttri	Take trace attributes	地震道属性提取
TakeGatherAttri	Take gather attributes	道集属性统计与分析
GeoFoldOffset	Interactive QC plotting of fold, offset, etc.	交互绘制覆盖次数等质控图
ComOffsetData	common offset data generation	产生共炮检距数据

参考文献

［1］ 刘洋,殷文,闫彬鹏,等．地震资料处理与解释实习指导书［M］．北京:石油工业出版社,2022.

［2］ 陈小宏,李国发,刘洋,等．地震数据处理方法:富媒体［M］.2 版．北京:石油工业出版社,2021.

［3］ 陆基孟,王永刚．地震勘探原理［M］.3 版．东营:中国石油大学出版社,2009.

［4］ 王润秋,罗国安．地震勘探应用软件基础教程［M］．北京:石油工业出版社,2013.

［5］ 刘文革,赵虎,聂荔．地震勘探概论:富媒体［M］．北京:石油工业出版社,2017.

［6］ SIMM R, BACON M. 地震振幅解释与应用［M］．高建虎,李胜军,马龙,等译．北京:石油工业出版社,2016.

［7］ YILMAZ Ö. Seismic data analysis［M］. US:Society of Exploration Geophysicists,2001.

［8］ SHERIFF R E, GELDART L P. Exploration seismology［M］. 2nd ed. Cambridge:Cambridge University Press,1995.